U0050609

Deepen Your Mind

Deepen Your Mind

PHP 是一種通用開放原始碼指令稿語言，開放原始碼、跨平台、易用，主要適用於 Web 開發領域。MVC 模式使得 PHP 在大型 Web 專案開發中耦合性低、重用性高、可維護性高、有利於軟體工程化管理。作為 MVC 架構中的佼佼者，ThinkPHP 是一個免費開放原始碼、快速、簡單的、物件導向的、輕量級 PHP 開發架構，已經成長為最領先和最具影響力的 Web 應用程式開發架構，許多的典型案例確保可以穩定用於商業以及入口級網站的開發。

ThinkPHP 5 版本是一個顛覆和重構版本，採用全新的架構思維，引用了更多的 PHP 新特性，最佳化了核心，減少了依賴，實現了真正的惰性載入，支援 composer，並針對 API 開發做了大量的最佳化，包含路由、記錄檔、例外、模型、資料庫、範本引擎和驗證等模組都已經重構，不適合原有 ThinkPHP 3.2 專案的升級，所以筆者撰寫了本書。

本書撰寫的目的是讓讀者能夠系統地學習 ThinkPHP 5 架構。即使讀者不了解 MVC 模式或 MVC 架構，閱讀本書也不會有太大的問題，並且學完本書後能以 ThinkPHP 5 為基礎開發自己的專案。為了加強讀者對內容的了解，每一章都有搭配範例以及詳盡的註釋，便於讀者了解和學習。大部分章節都會配有練習，進行針對性的訓練。在本書的後半部分更是直接展示一個完整專案的開發流程，讓讀者可以在實作中學習。畢竟「眼過千遍，不如手寫一遍」。

✤ 本書範例程式

針對上一版程式 Github 單一倉庫託管問題，本書實例程式已經改為組織託管，每個專案都會使用獨立的倉庫儲存。所有的實例都可以在

Web 開發中直接使用，省去了讀者「造輪子」的過程，以專注於業務邏輯開發。對於本書內容有任何疑問或在實際開發中遇到問題的讀者可以在 Github 上的 issue 中提出問題，作者會進行解答。本書倉庫位址為 https://github.com/thinkphp5-inaction。如果下載有問題，請聯繫 booksaga@163.com，郵件主題為「ThinkPHP5 實戰」。

✤ 繁體中文版說明

本書作者為中國大陸人士，原書為簡體中文寫作，為維持本書程式碼及書中內容的一致性，本書中圖例均維持原作者簡體中文圖，請讀者閱讀時對照前後文。

✤ 本書開發環境

- 作業系統：Windows10 專業版
- Web 伺服器：PHP 附帶
- PHP 版本：PHP 7.2.5（NTS)（ThinkPHP 5 要求 PHP 版本大於等於 5.6 即可）
- IDE：PHPStorm 2018.1
- ThinkPHP 版本：ThinkPHP 5.0.19（本書提到的 ThinkPHP 5 即指這個版本）
- 瀏覽器：Google Chrome 66（更高的版本也沒有問題）

✤ 本書適合讀者

- Web 開發同好
- 擁有 PHP 基礎想深入學習 PHP 大型專案開發的人員
- 大專院校以及教育訓練機構的講師
- 初 / 中級網站開發人員

Contents 目錄

05 資料庫操作層

06 模型層

07 視圖

08 驗證器

09 緩存

10 Session 和 Cookie

11 命令列應用

12 開發偵錯

13 伺服器部署

14 資料庫設計

15 多人部落格系統開發

16 圖書管理系統開發

17 討論區系統開發

架設開發環境

1.1 下載開發工具 / 軟體

「工欲善其事，必先利其器」。為了給後續的學習打下基礎，避免由於環境不一致而導致的問題，本節將簡述開發環境。下面的連結僅供參考，如果有變動，請到相關網站尋找並下載。

（1）下載 PHP7.2.5，下載連結 https://windows.php.net/downloads/releases/php-7.2.5-nts-Win32-VC15-x64.zip。

（2）下載 PHPStorm，下載連結 http://www.jetbrains.com/phpstorm/download/#section=windows。

（3）下載 Chrome 瀏覽器，下載連結為 http://rj.baidu.com/soft/detail/14744.html。

（4）下載 ThinkPHP 5.0.19 核心版，下載連結為 http://www.thinkphp.cn/
donate/download/id/1148.html。

（5）將下載的 PHP 解壓之後，增加 PHP 目錄到作業系統的 PATH 環境變
數中。

1.2 HelloWorld

幾乎所有的程式語言入門都是從 HelloWorld 開始的，本書也不例外。

解壓 ThinkPHP 5 壓縮檔之後開啟 PHPStorm，如圖 1-1 所示。

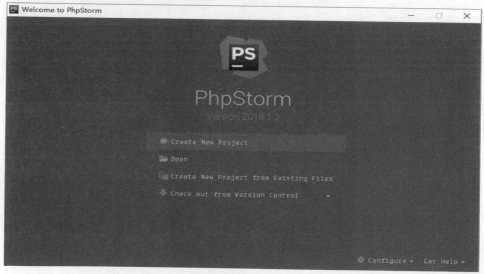

圖 1-1

點擊 Open 選單開啟剛才解壓的目錄，開啟之後會進入 IDE 主介面，如
圖 1-2 所示。

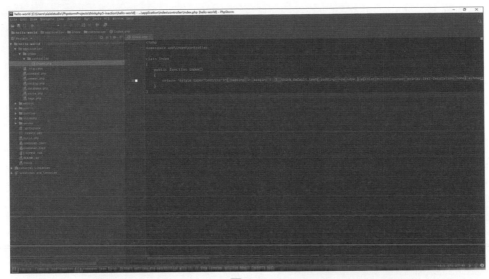

圖 1-2

點擊圖 1-2 左下角畫紅框的按鈕會開啟擴充選單，然後點擊 Terminal 開啟主控台，如圖 1-3 所示。

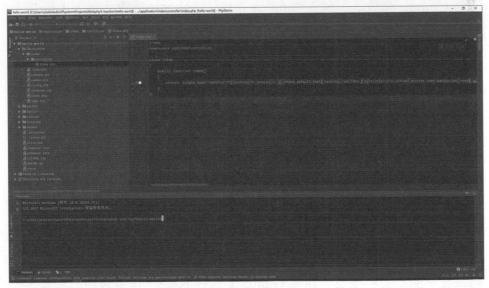

圖 1-3

輸入 "php -S localhost:8080 -t public",如圖 1-4 所示。

```
C:\Users\xialeistudio\PhpstormProjects\thinkphp5-inaction\hello-world>php -S localhost:8080 -t public
PHP 7.2.5 Development Server started at Fri May  4 20:59:01 2018
Listening on http://localhost:8080
Document root is C:\Users\xialeistudio\PhpstormProjects\thinkphp5-inaction\hello-world\public
Press Ctrl-C to quit.
```

圖 1-4

如果指令執行錯誤,請檢查 PHP 環境變數是否設定正確。

指令參數解釋:

■ -S:啟動開發伺服器(PHP5.4+ 附帶)並設定監聽位址。

■ -t:設定 Web 根目錄,ThinkPHP 對安全的要求是 Web 目錄和 PHP 原始程式碼分離,故將 public 目錄單獨作為 Web 目錄,原始程式不在該目錄中,有效地提升了伺服器的安全性。

開啟 Chrome 瀏覽器,輸入 "http://localhost:8080",輸出如圖 1-5 所示。

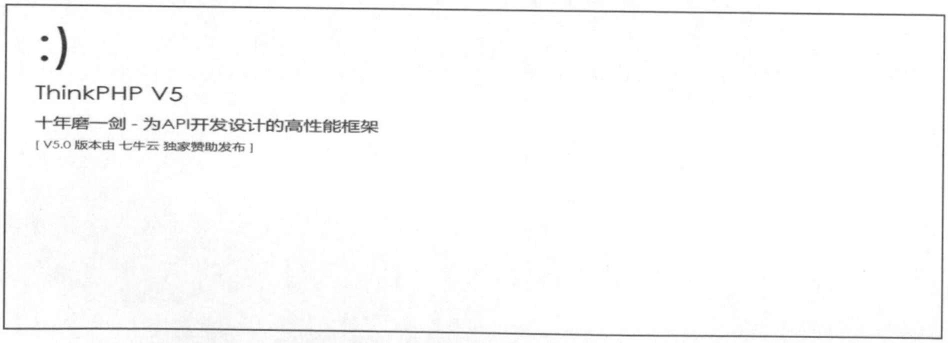

:)

ThinkPHP V5

十年磨一剑 - 为API开发设计的高性能框架
[V5.0 版本由 七牛云 独家赞助发布]

圖 1-5

恭喜你,本書學習的第一步已經完成。

如果看不到上面的輸出,請到 Github 上面提 issue,作者會耐心解答。

設定系統

目前大部分架構的習慣都是「設定大於程式開發」，ThinkPHP 5 也不例外。設定優先的方式可以讓我們只修改設定部分，不需要修改程式原始程式碼，有效減少了程式出錯的可能。

ThinkPHP 5 預設使用 PHP 陣列方式定義設定，支援慣例設定、公共設定、模組設定、擴充設定、場景設定、環境變數設定和動態設定。

ThinkPHP 5 的設定非常靈活，舉一個簡單的實例：假設你在家裡、公司兩個不同的地點開發同一個專案，透過設定 app_status，系統就會自動載入不同環境下的設定檔，實現「無縫開發」。

是不是很期待呢？那就跟筆者一起來學習 ThinkPHP 5 的設定吧！

2.1　設定的路徑

ThinkPHP 5 預設設定目錄為 application 目錄，該目錄（不包含子目錄）下的檔案為全域設定，整個程式都可以存取到。如果是模組（如 index 模組）下的設定，就只對該模組生效。

如果需要將 application/config.php 的設定按照元件拆分（如拆分為資料庫設定、快取設定等）為多個檔案，那麼請放在 application/extra 目錄下，檔案名稱為鍵名，檔案直接傳回陣列即可。

將設定檔拆分有利於標準專案檔案結構，儘量做到單一職責，一個設定檔只負責一個元件 / 功能。

2.2　設定的格式

ThinkPHP 5 預設的格式為 PHP 陣列，這也是 ThinkPHP 3 的做法，不過需要注意的是 ThinkPHP 5 推薦陣列鍵名使用小寫，而 ThinkPHP 3 的鍵名是大寫。鍵值支援 PHP 所有資料類型，包含簡單類型（字串、數字、布林值等）以及巢狀結構數組等。

2.3 設定的載入順序

在本章開始的時候提到過 ThinkPHP 5 支援多種設定，這就會帶來一個問題，即設定的載入順序如何？如果不弄清楚這個問題，在實際開發中可能會出現由於設定衝突、覆蓋之類的問題而一時找不到問題出在哪裡。

ThinkPHP 5 設定載入順序如下：

（1）架構設定（架構附帶的預設設定）。

（2）全域設定（application/config.php）。

（3）擴充設定（application/extra 目錄下的設定檔）。

（4）場景設定（上文提到的 app_status 常數，如定義 app_status 為 company，架構就會載入 application/company.php 設定）。

（5）模組設定（application/ 模組名稱 /config.php，支援 app status 常數，如第 4 點的 app_status 則會載入 application/ 模組名稱 /company.php 設定）。

（6）動態設定（使用 Config 類別操作）。

可以看到優先順序是從上到下越來越低，希望讀者能記住設定的載入順序，這個順序在開發中會帶來很大的方便。

2.4 設定的讀寫與範例

使用設定的最後目的是方便開發，也就是在合適的時候需要讀寫設定，比如實體化資料庫的時候需要讀取 database 設定。ThinkPHP 透過 Config::get 和 Config::set 讀寫設定。

下面我們來看設定的範例，這個範例將完成以下內容的驗證：

- 慣例設定的載入
- 全域設定的載入
- 擴充設定的載入
- 場景設定的載入
- 模組設定的載入
- 動態設定的載入與讀寫

步驟說明如下：

（1）解壓縮 ThinkPHP 5 核心版。

（2）執行 PHP 伺服器，啟動指令參照 1.2 節的相關內容。

（3）編輯 application/index/controller/Index.php：

```php
<?php

namespace app\index\controller;

use think\Config;

class Index
{
```

```
    public function index()
{
        echo '<pre>';
        echo json_encode(Config::get(), JSON_PRETTY_PRINT);
echo '</pre>';
    }
}
```

（4）造訪 http://localhost:8080，可以看到輸出了一段 JSON，這就是 ThinkPHP 的預設設定（慣例設定）。

（5）新增 application/extra/amqp.php 檔案（如果 extra 目錄不存在，就手動建立）。

```
<?php
// 訊息佇列設定
return [
    'conn' => 'amqp://root:root@localhost:5672'
];
```

（6）更新頁面，可以看到剛才設定的 amqp 設定。

（7）將 application/config.php 的 app_status 更改為 home。

（8）增加 application/home.php。

```
<?php
return [
    'amqp' => [
        'conn' => 'I am Home'
    ]
];
```

（9）更新頁面，可以看到 amqp 的輸出已經變成 home.php 中定義的內容。

（10）增加 application/index/config.php。

```php
<?php
return [
    'amqp' => [
        'conn' => 'I am index module amqp'
    ]
];
```

（11）更新頁面，發現 amqp 又發生了變化，與上面定義的檔案一致。

（12）增加 application/index/home.php。

```php
<?php
return [
    'amqp' => [
        'conn' => 'I am index module home config'
    ]
];
```

（13）繼續更新頁面，發現 amqp 又發生了變化，與上面定義的檔案一致。

（14）編輯 application/index/controller/Index.php，增加 rw 方法測試設定的讀寫。

```php
public function rw()
{
    var_dump(Config::get('test'));
    Config::set('test', '111');
```

```
    var_dump(Config::get('test'));
}
```

（15）造訪 http://localhost:8080/index/index/rw，可以看到以下輸出：

```
NULL string(3) "111"
```

2.5 小結

經過本章的學習與範例專案的示範，驗證了我們本章學習的所有知識，希望讀者能夠全部掌握，為後續的學習打下基礎。

本章程式網址：https://github.com/thinkphp5-inaction/config-demo。

路由

ThinkPHP 5 採用的預設規則是 PATHINFO 模式,也就是以下的 URL 形式:

```
http://server/module/controller/action/param/value/
```

與 ThinkPHP 3 最大的不同是 ThinkPHP 5 的路由更加靈活,支援路由到模組的控制器 / 操作、控制器類別的方法、閉包函數和重新導向位址,甚至是任何類別庫的方法。

需要注意的是,ThinkPHP 5 的路由是針對應用而非模組,所以路由是針對某個應用下的所有模組。如果需要按照模組定義路由,就需要自訂以下入口檔案:

```php
<?php

define('APP_PATH', __DIR__ . '/../application/');
require __DIR__ . '/../thinkphp/base.php';
```

```
// 綁定當前入口檔案到 home 模組，並關閉 home 模組的路由
\think\Route::bind('home');
\think\App::route(false);


\think\App::run()->send();
```

3.1 路由模式

ThinkPHP 5 的路由透過 url_route_on 和 url_route_must 來控制路由行為。根據這兩個設定，存在三種路由模式：普通模式、混合模式和強制模式。

3.1.1 普通模式

禁用路由，系統按照 PATHINFO 模式解析請求：

```
'url_route_on' => false,
```

3.1.2 混合模式

系統按照 PATHINFO 模式 + 路由定義解析請求：

```
'url_route_on' => true,
'url_route_must'=> false,
```

若定義了路由，則執行路由，否則按照 PATHINFO 解析。

3.1.3 強制模式

該模式下所有請求必須設定路由，否則拋出例外：

```
'url_route_on'        =>  true,
'url_route_must'      =>  true,
```

3.2 路由定義

3.2.1 程式開發定義

顧名思義，就是使用強制寫入的形式進行定義（有別於設定式定義）。一般路由定義在 application/route.php 檔案中，註冊形式如下：

```
Route::rule(' 路由運算式 ',' 路由位址 ',' 請求方法 ',' 路由條件 ',' 變數規則 ');
```

舉例來說，下面的註冊程式將使存取 "/news/" 新聞 ID 的連結路由到 index 模組的 News 控制器的 read 方法：

```
Route::rule('news/:id','index/News/read');
```

由於 ThinkPHP 5 的路由是針對所有模組的，所以定義的時候需要加上模組名稱。

ThinkPHP 5 支援 GET、POST、PUT、DELETE 以及任意 (*) 請求方法定義。系統內建以下方法來簡化路由定義：

```
Route::get('news/:id','News/read');         // GET
Route::post('news/:id','News/update');      // POST
Route::put('news/:id','News/update');       // PUT
```

```
Route::delete('news/:id','News/delete');    // DELETE
Route::any('new/:id','News/read');          // 任意請求方法
```

如果一個路由可以同時支援多種請求方法，可以使用 "|" 符號，意思和「或」一致。舉例來說，有以下定義：

```
Route::rule('news/:id','index/News/read', 'GET|POST');
```

則該路由允許 POST 和 GET 請求方法存取。

3.2.2 設定定義

透過傳回陣列來定義路由，而且可以批次定義，簡化程式撰寫量。該定義方式和 ThinkPHP 3 很相似，但是不支援正規定義。例如：

```
<?php
return [
// 首頁路由到 index 模組 index 控制器的 index 方法
'/' => 'index/index/index',
'news/:id'  =>  'index/News/read',           // 變數定義
'news/[:id]'  =>  'index/news/read',         // 可選變數定義
'news/:id$'  =>  'index/news/read',          // 完全符合
'user/:id'  =>  'index/user/show?status=1',  // 傳遞隱式參數
// 限制變數類型
'post/:id'=>  ['index/post/show',['ext'=>'html'],['id'=>'\d{4}']],
];
```

3.3 路由條件

路由條件的意思是即使目前的 URL 滿足了路由定義的位址，也可以透過控制路由條件來決定允許 / 拒絕該請求，提升了路由的靈活性。

可用的路由參數如表 3-1 所示。

表 3-1　路由參數

名稱	類型	說明
method	string	請求方法，支援 | 符號比對多個
ext	string	允許的 URL 副檔名，支援 | 符號比對多個
deny_ext	string	禁止的 URL 副檔名，支援 | 符號比對多個
https	bool	允許 / 拒絕 https 請求
domain	string	允許的域名
before_behavior	function	前置行為檢測，傳回 bool 值來決定是否允許
callback	function	自訂函數檢測，傳回 bool 值來決定是否允許
merge_extra_vars	bool	合併額外參數
bind_model	array	綁定模型
cache	integer	對目前路由快取指定的秒數
param_depr	string	路由參數分隔符號
ajax	bool	允許 / 禁止 ajax 請求
pjax	bool	允許 / 禁止 pjax 請求

範例：

```
'news/:id' => [
        'news/show/:name$',
```

```
[
    // 只允許 GET 或 POST
    'method' => 'get|post',
    // 只允許 shtml 副檔名
    'ext' => 'shtml',
    // 不允許 shtml 副檔名
    'deny_ext' => 'shtml',
    // 只允許 https
    'https' => true,
    // 只允許指定域名
    'domain' => 'www.example.com',
    // 呼叫 index 模組的 before 行為，根據傳回值決定允許 / 拒絕
    'before_behavior' => 'app\index\behavior\before',
    // 根據函數傳回值來決定允許 / 拒絕
    'callback' => function () {
        return true;
    },
    // 合併額外參數，如存取 /news/show/a/b/c，則獲得的 name 為 a/b/c
    'merge_extra_vars' => true,
    // 加 name 綁定到 User 模型的 name 屬性
    'bind_model' => ['User', 'name'],
    // 快取目前路由半小時
    'cache' => 1800,
    // 使用 /// 作為參數分隔符號而非預設的 /
    'param_depr' => '///',
    // 只允許 ajax 請求
    'ajax' => true,
    // 只允許 pjax 請求
    'pjax' => true,
]
]
```

3.4 路由位址

路由位址就是路由比對成功之後需要執行的操作。ThinkPHP 5 支援以下
幾種方式：

- 路由到模組 / 控制器
- 重新導向
- 路由到控制器方法
- 路由到類別靜態方法
- 路由到閉包函數

3.4.1 路由到模組 / 控制器

```
'news/:id' => 'index/news/read'
```

控制器定義如下：

```php
<?php
namespace app\index\controller;

class News {
  public function read($id) {
     echo '目前顯示 '.$id.' 的新聞 ';
  }
}
```

控制器支援無限級設定，例如下面的路由定義將執行 app\index\controller\
site\news 控制器的 read 方法：

```
'news/:id' => 'index/site.news/read'
```

3.4.2 重新導向

重新導向和路由的區別是，重新導向會在瀏覽器中產生一次 301 或 302 回應，而路由是瀏覽器無感知的。

重新導向以 "/"（站內，請特別注意不要忘記斜線）或 "http" 或 "https" 開始，站內跳躍如下：

```
'news/:id' => '/news/show/:id.html'
```

存取 /news/id 連結時，瀏覽器將產生 301 回應，跳躍到 /news/show/id.html 網址。

站外跳躍如下：

```
'news/:id' => 'http://www.example.com/news/:id.html'
```

3.4.3 路由到控制器方法

這種方式看起來似乎和第一種是一樣的，但是不需要去解析模組／控制器／操作，同時也不會去初始化模組。舉例來說，下面的定義將執行 index 模組的 news 控制器的 read 方法：

```
'news/:id' => '@index/news/read'
```

由於是直接路由到控制器方法，因此取得目前模組名稱、控制器名稱、操作名稱會顯示出錯，因為 ThinkPHP 沒有初始化這些變數。

3.4.4 路由到類別靜態方法

這種路由支援任何類別的靜態方法，包含控制器。舉例來說，下面的定義將路由到 index 模組中 News 控制器的靜態 read 方法：

```
'news/:id' => 'app\index\controller\News::read'
```

3.4.5 路由到閉包

這種路由直接在 application/route.php 中定義，典型的實例如下：

```
Route::get('news/:id',function($id){
  return '存取 '.$id.' 的新聞 ';
});
```

3.5 Restful 路由

3.5.1 普通資源

Restful 路由的核心是透過標準 HTTP 方法來操作 / 取得資料，所以設計路由的時候儘量以請求資源為核心。

ThinkPHP 5 對 Restful 路由的支援比較完善，透過以下兩種方式都可以定義 Restful 路由：

（1）程式開發定義

```
Route::resource('news','index/news');
```

（2）設定定義

```
return [
    // 定義 Restful 路由
    '__rest__'=>[
        // 指向 index 模組的 news 控制器
        'news'=>'index/news',
```

```
    ],
    // 定義普通路由
    'user/:id' => 'index/user/show',
]
```

以 news 資源為例，ThinkPHP 5 會自動註冊 7 個路由規則，對應控制器不同的操作方法，如表 3-2 所示。

表 3-2 路由規則說明

路由規則	請求方法	路由位址	說明
news	GET	index	新聞列表
news/create	GET	create	傳回表單，真正針對資源介面不會使用到
news	POST	save	建立新聞
news/:id	GET	read	讀取一篇新聞
news/:id/edit	GET	edit	傳回表單，真正針對資源介面不會使用到
news/:id	PUT	update	編輯新聞
news/:id	DELETE	delete	刪除新聞

需要注意的是，Restful 標準中一般有以下幾種請求：

- GET：取得單一資源或資源列表，傳回單一 JSON 或列表 JSON。
- POST：建立資源，傳回建立後的 JSON。
- PUT：編輯資源，傳回編輯後的 JSON。
- DELETE：刪除資源，傳回 204 狀態碼和空回應體。

對資源路由設計有深入興趣的讀者可以學習慕課網上的視訊《Restful API 實戰》（ https://www.imooc.com/learn/811 ）。

3.5.2 巢狀結構資源

有時候資源是有上下級關係的,例如新聞的評論依賴於新聞,這時就需要用到巢狀結構路由定義。ThinkPHP 5 對此也是支援的,例如:

```
return [
    // 定義 Restful 路由
    '__rest__'=>[
        // 指向 index 模組的 news 控制器
        'news'=>'index/news',
        'news.comment' => 'index/comment.'
    ],
    // 定義普通路由
    'user/:id' => 'index/user/show',
]
```

3.6 路由分組

如果同一個控制器的操作很多,在需要定義多個路由的情況下,可以將這種路由合併到一個分組,加強路由比對效率。

■ 啟用路由分組之前的定義:

```
'news/:id' => ['index/news/show',['method'=>'get']],
'news/post/:id' => ['index/news/post',['method'=>'post']]
```

■ 啟用路由分組之後的定義:

```
'[news]' => [
  ':id' => ['index/news/show',['method'=>'get']],
  'post/:id' => ['index/news/post',['method'=>'post']]
]
```

在路由比較多的時候可以適當地採取該方式定義路由。

當分組存取到不存在的路由，例如定義了 news 分組但是沒有定義 delete 方法，這時可以給 news 分組新增一個 __miss__ 路由來捕捉這種存取。

3.7　全域 404 路由

與分組路由 404 類似，全域 404 路由也用來處理存取路由不存在的情況，不過作用域大一些，會捕捉該應用所有的 404。例如：

```
'news/id'=>['index/news/show','method'=>'get'],
'__miss__' => 'index/index/notfound'
```

當存取到 404 時，系統將執行 index 控制器的 notfound 方法。

3.8　路由綁定

如果目前入口檔案只需要使用 index 這個模組，就可以綁定路由來簡化路由定義，否則每次都需要在路由位址宣告完整路徑（包含模組名稱）。

在入口檔案中使用以下程式即可完成綁定：

```
Route::bind('index');
```

綁定之後可以簡化路由定義，例如以下程式就省略了 index 這個模組名稱：

```
'news/:id' => 'news/show'
```

3.9 URL 產生

由於路由模式是可以動態設定的,而程式中用到的連結一般不可以動態設定,因此需要用系統提供的方法產生 URL。該方法可以轉換目前的路由設定,如果直接寫死連結,就會對系統的遷移不人性化。

可以使用 Url::build 方法或 url 函數產生路由,原型如下:

```
url(路由位址,參數,偽靜態副檔名,是否加上域名);
```

例如需要產生不帶域名且副檔名為 html 的新聞連結,可以使用以下程式:

```
url('news/show',['id'->1],'html');
```

最後產生的網址為 /news/1.html(使用 3.8 節的路由定義)。

3.10 小結

路由和控制器可以說是一個應用的大門,如何設計一個美觀且有利於 SEO 的路由值得每個讀者去研究。本章的範例專案將放到第 4 章中一起示範。

控制器

控制器是 MVC 模式中非常重要的一環，也可以説是最重要的一環，處在 V 和 M 之間充當協調的角色。與 ThinkPHP 3 不同，ThinkPHP 5 的控制器並不強制要求繼承系統的 Controller 類別，因此使得開發更加靈活。

4.1 定義

最簡單的控制器定義如下（application/index/controller/Index.php）：

```
namespace app\index\controller;

class Index
{
    public function index()
    {
```

```
            return 'index';
    }
}
```

完整的造訪網址為 http://domain/index/index/index。

4.2 輸出回應

與 ThinkPHP 3 不同，ThinkPHP 5 的回應都使用 return 敘述傳回，不再使用 echo 敘述。當然，echo 敘述也是可以工作的，但是不推薦。

舉例來說，下面的程式輸出系統常用的回應格式：

```php
<?php
namespace app\index\controller;
class Index
{
    public function hello()
    {
        return 'hello,world!';
    }

    public function json()
    {
        return json_encode($data);
    }

    public function news()
    {
        return view();
    }
}
```

4.3 設定回應格式

系統預設的設定回應格式為 html。如果操作直接傳回陣列，系統會顯示出錯，此時需要定義 default_return_type 為 json 才會輸出 json 格式。

4.4 初始化操作和前置操作

當控制器方法執行前需要執行某些操作（如檢測登入）時，可以使用初始化操作，和 ThinkPHP 3 一樣，方法名稱也是 _initialize。

如果需要更靈活的方法，可以使用前置操作，在控制器中定義一個 beforeActionList 陣列即可，原型如下：

```
public $beforeActionList = [
'方法名稱 ( 所有操作都會執行本方法 )',
'方法名稱 ( 陣列內的操作不執行本方法 )'=>['except'=>'action1,action2'],
'方法名稱 ( 陣列內的操作才執行 )'=>['only'=>'action1,action2']
];
```

4.5 跳躍和重新導向

如果需要在跳躍 URL 前給使用者一些提示訊息，可以使用 success 或 error 方法輸出資訊並跳躍到指定連結，而重新導向則直接發出 302 回應，頁面上不會輸出內容。

4.6 控制器巢狀結構

當應用很龐大的時候，需要分為子目錄定義控制器，便於模組化開發（例如新聞中心和使用者中心由兩個同事開發，每人負責一個），也便於排除錯誤。ThinkPHP 5 使用巢狀結構控制器無須進行任何設定。

- application/index/controller/user/Wallet.php：

```
namespace app\index\controller\user;

class Wallet {
  public function index() {
    return '我是使用者錢包首頁';
  }
}
```

造訪 http://domain/index/user/wallet/index 即可。

4.7 取得請求詳情

某些場景下如果需要取得有關本次請求的相關資訊，可以使用 ThinkPHP 5 提供的三種方法取得，建議讀者採用第一種：

- Request::instance()
- request() 函數
- 控制器方法依賴植入

如果需要開發一個後台，那麼我們檢測登入的方法中就需要取得目前請求的模組、控制器和操作，例如：

```
$request = Request::instance();
if($request->module()=='index'
&& $request->controller=='User'
&& $request->action=='login') {
  // 目前存取的是登入方法
} else {
  // 目前存取的是非登入方法，需要進行登入驗證
}
```

4.8 取得輸入資料

ThinkPIIP 5 對 PIIP 的原始輸入做了包裝，增加了過濾來保障輸入資料的
合法性。ThinkPHP 5 使用請求實例的 param 等方法來取得輸入的資料。
所有取得方法如表 4-1 所示。

表 4-1 取得輸入資料的方法

方法	說明
param	目前請求類型的參數、PATHINFO 變數和 $_GET
get	從 $_GET 中取得
post	從 $_POST 取得
put	取得 PUT 資料
delete	取得 DELETE 資料
session	從 $_SESSION 中取得
cookie	從 $_COOKIE 中取得
request	從 $_REQUEST 中取得
server	從 $_SERVER 中取得

方法	說明
env	從 $_ENV 中取得
route	從路由中取得
file	從 $_FILES 中取得
header	取得 Header 變數

程式範例：

```
$request = Request::instance();
// 取得 name
$name = $request->param('name');
// 取得所有請求資料（經過過濾）
$all = $request->param();
// 取得所有資料（不經過過濾）
$all = $request->param(false);
// 取得 get
$name = $request->get('name');
// 取得所有 get 資料（經過過濾）
$all = $request->get();
// 取得所有 get 資料（不經過過濾）
$all = $request->get(false);
// 其他類似
```

4.8.1 資料過濾方法

全域的過濾方法為 default_filter 設定，每個函數名稱之間以半形逗點分隔。

非全域的過濾方法是在呼叫資料取得方法時傳入的,程式如下:

```
Request::instance()->get('name','','htmlspecialchars,strip_tags');
```

4.8.2 取得部分資料

使用 Request 實例的 only 方法可以取得部分需要的資料,程式如下:

```
Request::instance()->only(['id','name']);
```

4.8.3 排除部分資料

與上面的操作相反,有時我們需要排除敏感性資料的輸入,這時可以使用 Request 實例的 except 方法,程式如下:

```
Request::instance()->except(['password']);// 排除密碼欄位的輸入
```

4.8.4 資料類型處理

由於外部傳入的資料是字串型(JSON 除外),因此如果需要在程式中處理資料類型相關的業務就不得不手動進行轉換。實際上,架構已經幫我們想到了,使用資料類型修飾符號可以在取得的時候轉換完成了。

```
Request::instance()->param('name/s');      // 字串型
Request::instance()->param('age/d');       // 整數型
Request::instance()->param('agree/b');     // 布林型
Request::instance()->param('percent/f');   // 浮點數
Request::instance()->param('list/a');      // 陣列
```

4.9 參數綁定

將路由中符合的變數作為控制器方法的參數傳入即為參數綁定。

例如下面的範例連結：

```
http://localhost/index/news/show/id/10
```

以及下面的範例控制器程式：

```php
<?php
namespace app\index\controller;

class News {
  public function show($id) {
     echo '目前顯示 '.$id.' 的新聞 ';
  }
}
```

其中的 $id 參數就是架構自動綁定好的。

4.10 頁面快取

接觸過 CMS 的讀者對於頁面快取應該不陌生，高流量的網站頁面一般直接產生靜態檔案或使用頁面快取來降低伺服器負載。ThinkPHP 5 預設提供的是後者，開啟頁面快取其實只需要在路由檔案中指定即可。

舉例來說，下列程式可使存取新聞詳情時快取 10 秒：

```
'post/:id' => ['index/post/show', ['cache' => 10]],
```

在瀏覽器中造訪 http://localhost/post/1 時，會延遲 10 秒才更新介面，證明快取生效。

4.11 小結

本章的內容就介紹到這裡。作為 MVC 三層架構中的中間層，Controller 擔任的職責是非常重要的：上要接收請求參數，進行參數驗證、過濾等操作；下要承載 Model 的輸出結構，傳回給請求端。建議各位讀者將本章的範例程式都儘量親自輸入一遍，以加深印象。

本章程式網址：https://github.com/thinkphp5-inaction/controller-example。

Chapter

05

資料庫操作層

作為 MVC 中三大組成部分之一的模型層，重要程度不言而喻，無論是最後資料的持久化或業務邏輯組織，都是由 model 層來完成的。需要說明的是本書中的資料庫操作層也叫 DAO（Data Access Object）層，只用來進行底層資料庫操作（如增刪改查），並不涉及業務上的處理。DAO 層的出現有利於將業務邏輯和底層資料庫操作分離，便於程式解耦以及後期維護。而模型層是相比較進階的一層，透過將資料庫欄位對映為 PHP 的類別屬性來實現，使用模型操作資料庫時，其實並不需要寫 SQL 相關的程式，一般當作普通物件產生實體操作即可，可以隱藏底層資料庫的差異，讓資料庫操作像類別操作一樣簡單好用。

ThinkPHP 5 中的資料庫操作層實現大致和 ThinkPHP 3.2 一致，以驅動類別設計，可以在不更改程式為基礎的情況下平滑切換資料庫，不得不說，這一點做的確實精彩！開發應用時剛開始可能會直接使用 MySQL 資料庫，待專案做大之後可能就會考慮 SQLServer、Oracle 之類的資料庫了，這時直接修改設定即可切換資料庫，是不是很方便呢？

5.1 資料庫設定

ThinkPHP 5 中資料庫設定支援方式比較多，本書只列舉兩種常用的，防止讀者在實際應用中不知道該如何選擇何種設定。

❏ database.php 定義

database.php 預設在 application/database.php 檔案中，推薦設定如下：

```
return [
    // 資料庫類型
    'type'          => 'mysql',
    // 伺服器位址
    'hostname'      => '127.0.0.1',
    // 資料庫名稱
    'database'      => 'thinkphp',
    // 使用者名稱
    'username'      => 'root',
    // 密碼
    'password'      => 'root',
    // 通訊埠
    'hostport'      => 3306,
    // 連接 dsn
    'dsn'           => '',
    // 資料庫連接參數
    'params'        => [
        PDO::ATTR_EMULATE_PREPARES => 0,
        PDO::ATTR_ERRMODE          => PDO::ERRMODE_EXCEPTION
    ],
    // 資料庫編碼預設採用 utf8
    'charset'       => 'utf8mb4',
    // 資料庫表字首
    'prefix'        => 'think_',
```

```
    // 資料庫偵錯模式
    'debug'            => true,
    // 資料庫部署方式 :0 集中式 ( 單一伺服器 ),1 分散式 ( 主從伺服器 )
    'deploy'           => 0,
    // 資料庫讀寫是否分離主從式有效
    'rw_separate'      => false,
    // 讀寫分離後主要伺服器數量
    'master_num'       => 1,
    // 指定從伺服器序號
    'slave_no'         => '',
    // 自動讀取主函數庫資料
    'read_master'      => false,
    // 是否嚴格檢查欄位是否存在
    'fields_strict'    => true,
    // 資料集傳回類型
    'resultset_type'   => 'array',
    // 自動寫入時間戳記欄位
    'auto_timestamp'   => false,
    // 時間欄位取出後的預設時間格式
    'datetime_format'  => 'Y-m-d H:i:s',
    // 是否需要進行 SQL 效能分析
    'sql_explain'      => false,
];
```

❑ 模型定義

有時候應用程式開發中會使用到多個資料庫，這時如果手動選擇資料庫
實際上是不太方便的，好在 ThinkPHP 5 允許我們在模型宣告中指定資料
庫連接，例如有以下模型：

```
class User extends Model {
  protected $connection = 'user';
}
```

當我們在使用 User 模型時，系統會自動讀取 user 連接定義來連接資料庫。

5.2 基本操作

資料庫操作離不開 CURD（Create/Update/Read/Delete，俗稱增刪改查）。ThinkPHP 5 的 DAO 基本操作如下：

上文中提到過 DAO 層是相比較底層的，所以需要手寫 SQL。ThinkPHP 5 中 Db 類別負責底層 SQL 操作，該類別會自動讀取預設的資料庫連接資訊，當然你也可以手動指定資料庫設定來在特定資料庫執行 SQL 敘述。

（1）增加資料

```
Db::execute('INSERT INTO user (username, password) VALUES (?,?)',['admin',
md5('111111')]);
```

（2）更新資料

```
Db::execute(`UPDATE user SET password=? WHERE username=?`,[md5('123456'),
'admin']);
```

（3）刪除資料

```
Db::execute('DELETE FROM user WHERE username=?',['admin']);
```

（4）尋找資料

```
Db::query('SELECT * FROM user WHERE username=?',['admin']);
```

在上面的範例中,不知道各位讀者有沒有發現不同?其實資料庫操作主要有兩種:資料操作和資料查詢。這兩種操作的傳回結果是不同的,資料查詢中傳回的是資料列表,而資料操作中傳回的是受影響行數,所以在使用時需要區分 execute 和 query。

SQL 敘述中的 "?" 是預留位置,是為了解決 SQL 植入問題而出現的,早期 PHP 開發者使用 mysql_ 系列函數操作資料庫時都是手寫 SQL,有相當大的安全風險。而使用 SQL 預留位置之後可以避開這種風險,使用也很簡單,"?" 的順序和後面陣列參數的順序一一對應。

(5)在特定資料庫指定操作

上文中提到了 Db 類別使用預設的資料庫連接來操作,而如果想使用其他函數庫的話需要傳入到 config 方法中,程式如下:

```
Db::config($connection)->query('SELECT * FROM user');
```

5.3 使用查詢建置元

在 5.2 節的內容中示範了如何透過原生 SQL 操作資料庫,在實際的開發過程中,這種操作用得比較少,原因是手寫原生 SQL 不太方便,容易寫錯,而 ThinkPHP 5 為了方便開發者提供了查詢建置元。

查詢建置元使用 Builder(建造者模式,設計模式的一種)設計,而建造者模式最大的特點就是支援鏈式呼叫。以下範例就是鏈式操作的一種:

```
A::b()->c()->d();
```

其實實現起來也不難,只要在 b/c/d 方法執行結束後 return 目前類別實例即可。

查詢建置元的基本使用（以 CURD 為例）在後面介紹。

5.3.1 增加資料

■ 增加一筆資料

```
Db::table('user')->insert(['username'=>'admin','password'=>md5('111111')]);
```

■ 增加多筆資料

```
Db::table('user')->insertAll([
  ['username'=>'admin','password'=>md5('111111')],
  ['username'=>'admin1','password'=>md5('123456')]
]);
```

5.3.2 更新資料

■ 根據指定條件更新資料

```
Db::table('user')->where('username','admin')->update(['password'=>
md5('123456')]);
```

■ 待更新資料中包含主鍵更新資料

```
Db::table('user')->update(['admin_id'=>1,'password'=>md5('123456')]);
```

■ 更新指定欄位

```
Db::table('user')->where('username','admin')->setField('password',
md5('111111'));
```

■ 自動增加一個欄位（例如文章增加點擊量）

```
Db::table('article')->where('article_id',1)->setInc('hit',1);
```

■ 自減一個變數（例如扣除庫存）

```
Db::table('user')->where('goods)Id,1)->setDec('stock',1);
```

5.3.3 查詢資料

■ 查詢一筆資料

```
Db::table('user')->where('username','admin')->find();
```

■ 查詢多筆資料

```
Db::table('user')->where('sex','male')->select();
```

■ 查詢指定記錄的某個欄位值

```
Db::table('user')->where('username','admin')->value('last_login');
```

■ 查詢某一列資料

```
Db::table('user')->where('sex','male')->column('user_id');
```

■ 批次查詢

當資料庫資料比較多而伺服器記憶體有限制時可以使用，透過循環來降
低資源佔用：

```
Db::table('user')->where('sex','male')->chunk(100,function($users){
  print_r($users);
},'user_id','desc');
```

■ JSON 查詢

MySQL5.7 中新增了 JSON 類型，作用和 MongoDB 類似，可以儲存非
結構化資料。ThinkPHP 5 同樣也支援 JSON 類型的查詢中。在以下範例

中，params 為 JSON 類型：

```
Db::table('user')->where('params$.phone','13333333333')->find();
```

請注意 params 後的 $ 號。

5.3.4 刪除資料

■ 根據主鍵刪除

```
Db::table('user')->delete([1,2,3]);
```

■ 根據 where 刪除

```
Db::table('user')->where('username','admin')->delete();
```

5.4 查詢語法

5.4.1 查詢運算式和查詢方法

大部分數據操作中都會應用到查詢，不管是 Select、Update 還是 Delete。Update 或 Delete 需要更新或刪除指定條件的行。ThinkPHP 為我們提供了強大而又簡便的查詢語法。

查詢語法由查詢運算式以及查詢方法組成，例如：

```
Db::table('user')->where('username','admin')->where('created_at','>',
1500000000);
```

可以看到 username='admin' 和 created_at > 1500000000 為查詢運算式。兩個運算式透過 AND 連接，表示兩個條件必須同時滿足才會被查詢到。

ThinkPHP 提供了 where 和 whereOr 來進行查詢運算式的連接，where 透過 AND 連接，whereOr 透過 OR 連接。

ThinkPHP 的查詢運算式基本是 SQL 標準運算式，與 SQL 對應關係如表 5-1 所示。

表 5-1　ThinkPHP 查詢運算式

ThinkPHP 運算式	SQL 運算式	說明
=	=	等於
<>	<>	不等於
>	>	大於
>=	>=	大於等於
<	<	小於
<=	<=	小於等於
between/not between	between/not between	區間查詢
in/not in	in/not in	列表查詢
null/not null	is null/is not null	NULL 查詢
exists/not exists	is exists/is not exists	存在性查詢
like	like	模糊查詢
exp	-	運算式查詢（ThinkPHP 特有）

where 和 whereOr 接收 3 個參數，其中第 3 個為可選參數。

當傳入 2 個參數時，如以下程式所示：

```
where('username','admin');
```

可以視為 username='admin'。

當傳入的第 2 個參數為 null 時，如以下程式所示：

```
where('username',null);
```

可以視為 username is null。注意，MySQL 沒有欄位名稱 =null 這種語法。

當傳入 3 個參數時，以下程式所示：

```
where('age','>',18);
```

可以視為 age > 18。

可以看到傳入 2 個參數時實際上運算符號為 =/is(null/exists 等運算符號)。

5.4.2 查詢運算式範例

本節只簡單介紹一下複雜一點的運算式，簡單的運算符號各位讀者可以對照表格測試。

■ between

```
where('age','between',[18,24]);
```

查詢年齡從 18（含）到 24（含）的資料。

■ in

```
where('role','in',['admin','super_admin']);
```

查詢管理員和超級管理員角色。

■ like

```
where('name','like','%張三%');
```

查詢姓名包含 ' 張三 ' 的資料。

■ exp

```
where('age','exp','between 18 and 24');
```

查詢年齡從 18（含）到 24（含）的資料，運算式查詢可以應對複雜情況下的查詢，但使用時需要小心，容易發生 SQL 植入風險。

5.5 連貫操作

當你看到以下程式是否會感到很神奇呢？

```
Db::table('user')->field('id,username')->where('username','admin') >order
('id desc')->limit(10)->select();
```

這個在 ThinkPHP 中被稱為連貫操作，在執行最後的方法前之間的方法都可以繼續呼叫查詢方法。實現原理其實很簡單：

```
class Db {
  field() {
     // …選擇欄位
     return $this;
  }
  where() {
     // …查詢準則
     return $this;
  }
}
```

可以看到每個連貫方法傳回的都是 $this 物件，確保了後續呼叫，有興趣的讀者可以將這個模式應用到其他開發活動當中。該模式在設計模式中被稱為建造者模式。

ThinkPHP 支援的連貫操作如表 5-2 所示。

表 5-2 ThinkPHP 支援的連貫操作

操作名稱	說明
table	指定要操作的資料表名稱
alias	給資料表定義別名
field	查詢指定欄位，可多次呼叫
order/orderRaw	查詢結果排序，可多次呼叫
limit	限定結果集長度
group	分組查詢
having	篩選結果集
join	連結查詢，可多次呼叫
union	聯集查詢，可多次呼叫
view	視圖查詢
distinct	查詢非重複資料
relation	連結查詢，可多次呼叫
page	分頁查詢（架構實現，非 SQL 語法）
lock	資料庫鎖
cache	快取查詢（架構實現，非 SQL 語法）
with	連結查詢前置處理，可多次呼叫
bind	資料綁定，一般配合預留位置
strict	是否嚴格檢測欄位名稱存在性
master	讀寫分離環境下從主要伺服器讀取資料
failException	未查詢到資料時是否拋出例外
partition	資料庫分表查詢（架構實現，非 SQL 語法）

5.6 連貫操作範例

5.6.1 table

■ 一般使用

```
Db::table('user')->find();
// SELECT * FROM `user` LIMIT 1;
```

■ 使用表字首（假設表字首為 think_）

```
Db::table('__USER__')->find();
// SELECT * FROM 'think_user' LIMIT 1;
```

■ 指定資料庫名稱

```
Db::table('think.user')->find();
// SELECT * FROM `think`.`user` LIMIT 1;
```

5.6.2 alias

```
Db::table('__USER__')->alias(['think_user'=>'user','think_post'=>'post'])
->join(['think_user'=>'user'],'post.user_id=user.user_id')->select();
// SELECT * FROM `think_user` `user` INNER JOIN `think_post` `post` ON
`post`.`user_id`=`user`.`user_id`
```

5.6.3 field

■ 一般使用

```
Db::table('user')->field(['username','password'])->find();
// SELECT `username`,`password` FROM `user` LIMIT 1;
```

■ 欄位別名

```
Db::table('user') ->field(['nickname'=>'realname'])->find();
// SELECT `nickname` as `realname` FROM `user` LIMIT 1;
```

■ 使用 SQL 運算式（一般用於統計查詢，當然，所有 SQL 運算式都支援）

```
Db::table('user')->field(['SUM(amount)'=>'amount'])->find();
// SELECT SUM(`amount`) as `amount` FROM `user` LIMIT 1;
```

■ 查詢欄位排除（一般用來排除 TEXT 類型的大欄位）

```
Db::table('article')->field('content',true)->find();
// SELECT `article_id`,`title`,`desc` FROM `article` LIMIT 1;
```

■ 安全寫入

```
Db::table('user')->field(['email','phone'])->insert($data);
```

不管用戶端提交什麼樣的資料，ThinkPHP 只會接收 email 和 phone 兩個欄位，防止修改其他敏感欄位。

5.6.4 order/orderRaw

■ 一般使用

```
Db::table('user')->order(['age'=>'desc','user_id'=>'desc'])->select();
// SELECT * FROM `user` ORDER BY `age` DESC, `user_id` DESC;
```

■ 使用運算式（常見於亂數查詢）

```
Db::table('user')->orderRaw('RAND()')->select();
// SELECT * FROM `user` ORDER BY RAND();
```

5.6.5 limit

■ 一般使用

```
Db::table('user')->limit(10)->select();
// SELECT * FROM `user` LIMIT 10;
```

■ 指定起始行

```
Db::table('user')->limit(100,100)->select();
// SELECT * FROM `user` LIMIT 100,100;
```

■ 寫入資料時限定

```
Db::table('user')->where('sex','female')->limit(1)->delete();
DELETE FROM `user` WHERE `sex`='female' LIMIT 1;
```

5.6.6 group

```
Db::table('exam`)->field(['user_id','SUM(score)'=>'score'])->group
('user_id')->select();
// SELECT `user_id`,SUM(`score`) `score` FROM `exam` GROUP BY `user_id`;
```

5.6.7 having

```
Db::table('exam`)->field(['user_id','SUM(score)'=>'score'])->group('user_id')
->having('score>=60')->select();
// SELECT `user_id`,SUM(`score`) `score` FROM `exam` GROUP BY `user_id`
HAVING `score`>=60;
```

5.6.8 join

join 方法原型：

```
join($join [,$condition=null [, $type='INNER']])
```

type 支援 INNER/LEFT/RIGHT/FULL。

- 一般使用

```
Db::table('think_user')->join(['think_post','think_post.user_id=think_user.
user_id'])->select();
// SELECT * FROM `think_user` INNERT JOIN `think_post` ON `think_post`.
`user_id`=`think_user`.`user_id`;
```

- 多表連結

```
Db::table('think_user')->alias('user')->join([
['think_article article','article.user_id=user.user_id'],
['think_comment comment','comment.user_id=user.user_id']
])->select();
// SELECT * FROM `think_user` `user` INNER JOIN `think_article` `article` ON
`article`.`user_id`=`user`.`user_id` INNER JOIN `think_comment` `comment` ON
`comment`.`user_id`=`user`.`user_id`
```

5.6.9 union

- 字串 / 陣列方式

```
Db::table('user')->field(['name'])->union([
'SELECT name FROM user1',
'SELECT name FROM user2'
])->select();
// SELECT `name` FROM `user` UNION SELECT `name` FROM `user1` UNION SELECT
`name` FROM `user2`;
```

- 閉包方式（不了解閉包的可以檢視 PHP 官方文件 http://www.php.net/manual/zh/functions.anonymous.php）

```
Db::table('user')->field(['name'])->union(function($query){
$query->table('user1')->field(['name']);
})->union(function($query){
$query->table('user2')->field(['name']);
})->select();
// SELECT `name` FROM `user` UNION SELECT `name` FROM `user1` UNION SELECT
`name` FROM `user2`;
```

- union all 方式

```
Db::table('user')->field(['name'])->union(['SELECT name FROM user1', true])
->select();
// SELECT `name` FROM `user` UNION ALL SELECT `name` FROM `user1` UNION
SELECT `name` FROM `user2`;
```

5.6.10 distinct

```
Db::table('user')->distinct(true)->field(['username'])->select();
// SELECT DISTINCT `username` FROM `user`
```

5.6.11 page

page 是 ThinkPHP 架構實現的方法，用來簡化 limit 方法的計算。

```
Db::table('user')->page(1,10)->select();
// SELECT * FROM `user` LIMIT 0,10
```

5.6.12 lock

為了確保高平行處理條件下資料寫入一致性，SQL 提供了鎖機制。鎖可分為共用鎖和獨佔鎖，對於鎖的說明有興趣的讀者可以在網上查閱相關資源。

```
Db::table('user')->where('user_id',1)->lock(true)->find();
// SELECT * FROM `user` WHERE `user_id`=1 FOR UPDATE
```

`FOR UPDATE` 是 MySQL 的鎖語法，只有成功取得鎖的用戶端才能操作該資料。

lock 方法支援傳入 SQL 運算式來滿足一定特定環境下的鎖要求：

```
Db::table('user')->where('user_id',1)->lock('lock in share mode')->find();
// SELECT * FROM `user` WHERE `user_id`=1 LOCK IN SHARE MODE
```

5.6.13 cache

由 ThinkPHP 架構實現的方法，在快取有效期內直接傳回快取資料，多用於 CMS 系統內文章查詢的快取。

- 一般使用

```
Db::table('user')->cache(60)->find();
// 快取一分鐘
```

- 指定快取 key（方便外部呼叫）

```
Db::table('user')->cache('tmp_user',60)->find();
Cache::get('tmp_user'); // 讀取快取
```

■ 快取清除（使用主鍵更新資料時無須指定快取 key）

```
Db::table('user')->update(['user_id'=>1,'name'=>'demo']);
```

■ 快取清除（手動指定 key）

```
Db::table('user')->cache('tmp_user')->where('user_id',1)->update
(['name'=>'demo']);
```

5.6.14 relation

將在連結模型中進行詳細介紹，本節暫時略過。

以上運算符號都是實際專案中非常常見的運算符號，在連貫動作表格中出現的其他運算符號在實際操作中用得比較少，有興趣的讀者可以參考官方文件。

5.7 查詢事件與 SQL 偵錯

5.7.1 查詢事件

ThinkPHP 5 新增部分，能夠允許我們在執行資料庫操作前後進行一些事件監聽和操作。

■ before_select
■ before_find
■ after_insert
■ after_update
■ after_delete

使用閉包來註冊事件監聽器：

```
Query::event('after_delete',function($options,$query){
// 資料刪除後呼叫
});
```

5.7.2 SQL 偵錯

透過呼叫 Db::listen 方法來監聽 SQL 敘述、執行時間、explain 執行計畫
等。

```
Db::listen(function($sql,$time,$explain,$isMaster){
});
```

5.7.3 交易

當需要同時操作多表且需要保障其一致性時，需要使用交易操作。
ThinkPHP 5 的交易操作也是以閉包為基礎來操作的。

```
Db::transaction(function(){
Db::table('user')->insert($data);
Db::table('user_profile')->insert($otherData);
});
```

當閉包函數拋出例外時交易會自動回覆，無例外時交易自動提交，解決
了以往手動捕捉例外回覆交易的問題。

5.7.4 呼叫預存程序或函數

使用 Db::query 傳入原生 SQL 查詢即可，支援參數綁定，例如以下查詢：

```
Db::query('call demo_query(?)',[1]);
```

當然在實際開發過程中不推薦預存程序，原因如下：

（1）不利於遷移（遷移資料時容易遺漏預存程序的遷移）。

（2）跨資料軟體的相容問題（每個 DBMS 支援的預存程序語法有差異性）。

模型層

模型層（Model）是對 DAO 層的上層包裝，基於物件關係對映來使得資料庫操作像物件操作一樣簡單方便。

6.1 模型定義

```
namespace app\index\model;

use think\Model;

class User extends Model {
protected $pk = 'user_id';        // 主鍵，架構預設自動識別，也可以手動指定
protected $table = 'think_user'; // 指定資料表
protected $connection = 'db2';    // 指定資料庫連接
}
```

資料表識別規則，表字首 + 大駝峰，遇到底線時將字首大寫，範例如下：

（1）資料表字首 think_

```
User: think_user
UserArticle: think_user_article
```

（2）資料表為空

```
User: user
UserArticle: user_article
```

接下來以 CURD 來介紹採用模型為基礎的方式操作資料庫。

6.2 插入資料

（1）物件方式

```
$user = new User();
$user->username = 'demo';
$user->password = md5('111111');
$user->email = 'demo@demo.com';
$user->created_at = time();
$user->save;
```

（2）陣列方式

```
$user = new User();
$user->data([
  'username' => 'demo',
  'password' => md5('111111'),
```

```
  'created_at' => time()
]);
$user->save();
```

6.3　更新資料

（1）使用查詢準則修改

```
$user = new User();
$user->save([
  'password' => md5('123456')
],[
  'username' => 'demo'
]);
```

（2）基於物件修改

```
$user = User::get(['username' => 'demo']);
$user->password = md5('111111');
$user->save();
```

6.4　批次更新（只支援主鍵）

```
$user = new User();
$user->saveAll([
  ['user_id' => 1, 'password' => md5('111111')],
  ['user_id' => 2, 'password' => md5('123456')]
]);
```

6.5 刪除資料

（1）基於物件刪除

```
$user = User::get(['username' => 'demo']);
$user->delete();
```

（2）基於主鍵刪除

```
User::destroy(1);          // 刪除一個
User::destroy([1,2,3]);    // 刪除多個
```

（3）條件刪除

```
User::where('user_id',1)->delete();
```

6.6 查詢資料

（1）主鍵查詢

```
$user = User::get(1);
```

（2）指定欄位查詢（陣列方式）

```
$user = User::get(['username' => 'demo']);
```

（3）where 查詢（類似 ThinkPHP 3.2）

```
$user = User::where('user_id',1)->find();
```

（4）閉包查詢

```
$user = User::get(function($q){
  $q->where('user_id',1);
});
```

（5）指定欄位查詢（透過 PHP 魔術方法自動識別欄位）

```
$user = User::geByUsername('demo');
```

6.7 批次查詢

（1）以主鍵為基礎的批次查詢

```
$users = User::get([1,2,3]);
```

（2）以欄位為基礎的批次查詢

```
$users = User::get(['sex' => 'female']);
```

（3）以條件為基礎的查詢

```
$users = User::where('sex','female')
->page(1,10)
->order(['user_id'=>'desc'])
->select();
```

6.8 匯總查詢

ThinkPHP 5 目前支援 count/max/min/avg/sum 匯總查詢，下面示範其中一種：

```
$avgScore = Score::where('score','>=',60)->avg('score');
// 計算及格人的平均分
```

6.9 get/set

get/set 方法用來覆蓋 ThinkPHP 5 處理動態欄位的方法，例如資料庫有 username 欄位但是模型類別並沒有定義 username 屬性，然而我們可以使用 $user->username 這種程式，實際上就是 ThinkPHP 5 接管了 PHP 的魔術方法 __get 和 __set。

get 方法宣告如下：

```
get 屬性名稱 Attr($value,$data);
// $value 為目前屬性的值，也就是 $data[ 屬性名稱 ]
// $data 為目前模型對應的資料陣列
// 當屬性名稱不存在時，忽略 $value，直接從 $data 設定值即可
```

以下程式宣告一個狀態說明屬性（資料庫只有 status）：

```
namespace app\index\model;

use think\User;

class User extends Model {
  public function getStatusDesc($value, $data) {
```

```
    return [0=>' 正常 ',-1=>' 被封禁 '][$data['status']];
}
}


echo $user->status_desc;
```

（1）取得所有讀取器的值

讀取器可以讓我們在讀取到原始資料之後進行進一步處理再傳回給呼叫層。單一屬性的讀取是惰性求值（存取時才呼叫讀取器方法，剛從資料庫查出來不會主動呼叫）。如果需要讀取所有讀取器的值，需要使用 toArray 方法。例如（接上例）：

```
print r($user->toArray());
```

（2）取得所有資料庫值

有個尷尬的事情是當我們使用了讀取器後，某些情況下也需要存取資料庫值，就需要使用到 getData 方法了。例如：

```
$status = $user->getData('status'); // 傳回資料庫中儲存的 status 值
$data = $user->getData();           // 傳回資料庫該行記錄的陣列
```

set 方法宣告與 get 類似：

```
public function set 屬性名稱 Attr($value, $data);
```

但是 set 要求屬性名稱存在於資料庫中。

例如以下程式將提交的使用者名稱字首大寫後再寫入資料庫：

```
public function setUsername($value, $data) {
  return ucwords($value);
}
```

6.10 自動時間戳記處理

以往寫入資料時間戳記都需要手動給欄位設定值，而 ThinkPHP 5 已經自動幫你完成這一步，開發者只需要定義相關設定即可。

（1）設定檔方式。在 database.php 中增加：

```
'auto_timestamp' => true
```

（2）模型定義。在實際模型檔案中增加：

```
'protected $autoWriteTimestamp = true;'
```

auto_timestamp 設定值為 true/'datetime'/'timestamp'，分別對應 int/datetime/timestamp 資料庫類型。

預設的時間戳記欄位為 create_time 和 update_time，像上文中的 created_at 欄位需要在模型檔案中做以下定義：

```
class User extends Model {
  protected $createTime = 'created_at';
  protected $updateTime = 'updated_at';
}
```

如果只需要 createTime 而不需要 updateTime 欄位（適用於資料不更新的情況），那麼將 $updateTime 屬性置為 false 即可。

需要注意的是，由於時間戳記欄位 ThinkPHP 5 內建了讀取器，所以設定值的時候會變成設定檔中 'datetime_format' 定義的格式，一般為 'Y-m-d H:i:s'，如果不需要該設定，將 'datetime_format' 設定為 false 即可。

6.11 唯讀欄位

為了避免資料操作時更新到原本不該更新的欄位,例如將使用者表的
使用者名稱給更新了,需要使用到唯讀欄位,很簡單,在模型中定義
$readonly 即可。

```
class User extends Model {
  protected $readonly = ['username'];
}
```

6.12 軟刪除

該功能和 Laravel 的類似,透過在資料表中增加一個 deleted_at 的欄位來
標記刪除,當值為 null 時該資料未刪除,當值不為 null 時標記為刪除時
間來保護一些重要資料可以在需要的時候恢復。

使用方式與 Laravel 一致,以 PHP 為基礎的 trait 實現,對於 PHP trait 不
明白的讀者可以檢視官網文件(http://php.net/traits)。

```
class User extends Model {
  use SoftDelete;
  protected $deleteTime = 'deleted_at';
}
```

當我們呼叫 destroy 方法或 delete 方法時預設就是軟刪除,如果需要硬刪
除(從資料庫刪掉),需要傳入額外參數:

```
User::destroy([1,2,3],true);
$user = User::get(1);
$user->delete(true);
```

查詢時預設不包含軟刪除資料，如果需要包含軟刪除資料，請使用以下
查詢：

```
User::withTrashed()->select();
User::withTrashed()->find();
```

只查詢軟刪除資料：

```
User::onlyTrashed()->select();
User::onlyTrashed()->find();
```

6.13 自動完成

自動完成跟 ThinkPHP 3.2 相比變化不算太大，程式開發方式有變更而
已，想法不變。ThinkPHP 5 依舊支援 auto/insert/update 三種場景，auto
包含 insert/update。

自動完成用來在模型儲存的時候自動寫入資料，與修改器不同的是，修
改器需要手動設定值，只不過設定值的時候我們可以做一下處理，而自
動完成不需要手動設定值。

自動完成的程式範例如下：

```
namespace app\index\model;
```

```php
use think\Model;

class User extends Model {
  protected $auto = [];
  protected $insert = ['created_ip','created_ua'];
  protected $update = ['login_ip', 'login_at'];

  protected function setCreatedIpAttr() {
      return request()->ip();
}

protected function setCreatedUaAttr() {
    return request()->header('user_agent');
}

protected function setLoginIpAttr() {
    return request()->ip();
}

protected function setLoginAtAttr() {
    return time();
}
}
}
```

在插入資料時系統會自動填充 created_ip 和 created_ua 欄位，在更新資料時系統會自動填充 login_ip 和 login_at 欄位。

自動完成和修改器的區別在於：修改器需要手動設定值，自動完成不需要！

6.14 資料類型自動轉換

由於 PHP 是弱類型語言，因此容易引發一些問題，例如用戶端提交的表單是數字，但是 PHP 接收到的是字串，或説用戶端提交的是 JSON 陣列，儲存到資料庫需要手動 json_encode 一下。ThinkPHP 5 的資料類型自動轉化就是為了解決該問題而產生的，該功能同 Laravel 模型的 cast 相似，透過設定式的定義來取代強制寫入。

ThinkPHP 5 支援的資料轉換類型如表 6-1 所示（PDO::ATTR_EMULATE_PREPARES 為 true 時資料庫總會傳回字串形式的資料，哪怕欄位定義是其他類型）。

表 6-1 ThinkPHP 5 支援的資料轉換類型

ThinkPHP 類型	轉換操作
integer	寫入 / 讀取時自動轉為整數型
float	寫入 / 讀取時自動轉為浮點數
boolean	寫入 / 讀取時自動轉為布林型
array	寫入時轉為 JSON，讀取時轉為 array
object	寫入時轉為 JSON，讀取時轉為 stdClass
serialize	寫入時呼叫 serialize 轉為字串，讀取時呼叫 unserialize 轉為轉換前類型
json	寫入時呼叫 json_encode，讀取時呼叫 json_decode
timestamp	寫入時呼叫 strtotime，讀取時呼叫 date，格式預設為 "Y-m-d H:i:s"，透過模型 $dateFormat 屬性自訂

自動類型轉換範例如下：

```
namespace app\index\model;

use think\Model;

class User extends Model {
  protected $type = [
     'status' => 'integer',
     'balance' => 'float',
     'data' -> 'json'
];
}

$user = new User();
$user->status = '1';
$user->balance = '1.2';
$user->data = ['name'=>1];
$user->save();
var_dump($user->status, $user->balance, $user->data);
// int(1) float(1.2) array(size=1) 'name'=>int(1)
```

6.15 快速查詢

模型層可以將常用的或複雜的查詢，定義為快速查詢來加強程式重複使用率。快速查詢定義如下：

```
namespace app\index\model;

use think\Model;
```

```
class User extends Model {
  protected function scopeMale($query) {
      $query->where('sex','male');
}

  protected function scopeAdult($query) {
      $query->where('age','>=',18);
}
}
```

呼叫程式如下：

```
User::scope('male')->select();        // 尋找所有男性
User::scope('adult')->select();       // 尋找所有成年人
User::scope('adult,age')->select();   // 尋找所有成年男性
```

6.16 全域查詢準則

全域查詢準則用來解決查詢的資料需要有基礎條件的情形，例如之前講過的軟刪除就要求任何查詢預設包含 deleted_at 為空的條件（手動查詢被刪除資料的除外）。這時就需要全域查詢準則來解決問題，否則要在每個查詢中手動增加一個 deleted_at 為空的查詢準則。

全域查詢準則程式和快速查詢類似，程式如下：

```
namespace app\index\model;

use think\Model;
```

```
class User extends Model {
  protected function base($query) {
      $query->where('deleted_at', null);
  }
}
```

之後使用任何 User 模型的查詢都會自動增加 deleted_at 為空的約束,如果需要顯示關閉該約束,可以使用以下程式:

```
User::useGlobalScope(false)->select();  // 關閉全域查詢準則
User::useGlobalScope(true)->select();   // 開啟全域查詢準則
```

6.17 模型事件

模型事件是在透過模型寫入資料時觸發的事件,使用 DAO 層操作資料不會觸發。ThinkPHP 5 支援的模型事件如下:

- before_insert:插入前。
- after_insert:插入後。
- before_update:資料更新前。
- after_update:資料更新後。
- before_write:寫入前。
- after_write:寫入後。
- before_delete:刪除前。
- after_delete:刪除後。

透過模型的靜態方法 init 進行註冊，註冊程式如下：

```
namespace app\index\model;

use think\Model;

class User extends Model {
  protected function init() {
    User::beforeInsert(function($user){
    if($user->age<=0) {
      return false;
}
    return true;
    });
  }
}
```

所有 before_* 事件回呼函數中傳回 false，將導致後續程式不會繼續執行！

6.18 連結模型

關聯式資料庫最重要的就是實體的劃分以及關係的確定，好的連結關係可以讓資料表減少容錯，加快查詢速度。ThinkPHP 5 對連結模型的支援非常完善，可以讓開發者使用很少的程式實現強大的連結功能。

連結關係有一對一、一對多、多對多。

6.18.1 一對一連結

一對一連結比較好了解，例如每個使用者都會有一個錢包，那麼使用者和錢包之間就是一對一關聯性。

ThinkPHP 5 使用 hasOne 來定義一對一連結，hasOne 原型如下：

```
hasOne(' 模型類別名稱 ',' 外鍵名 ',' 主鍵名 ','JOIN 類型 ='INNER'')
```

模型定義如下：

```
namespace app\index\model;

use think\Model;

class User extends Model {
  protected function wallet() {
    return $this->hasOne('Wallet','wallet_id','wallet_id');
  }
}
$user = User::get(1);
echo $user->wallet->balance;          // 輸出錢包餘額
$user->wallet->save(['balance'=>1]);  // 儲存錢包餘額
```

6.18.2 一對一連結模型資料操作

使用連結模型後，資料儲存也是連結式的，不用再手動進行連結資料儲存。ThinkPHP 5 使用 together 方法進行連結資料的操作。

還是以上面的錢包為例:

- 新增資料

```
$user = new User();
$user->realname = 'demo';
$wallet = new Wallet();
$wallet->balance = 100;
$user->wallet = $wallet;
$user->together('wallet')->save();
```

- 更新資料

```
$user = User::get(1);
$user->realname = '姓名';
$user->wallet->balance = 200;
$user->together('wallet')->save();
```

- 刪除資料

```
$user = User::get(1);
$user->together('wallet')->delete();
```

6.18.3 一對一從屬連結

從屬連結屬於特殊的連結關係,錢包屬於使用者這種是一對一的,而文章從屬於使用者是多對一的,即多篇文章可以從屬於一個使用者。

ThinkPHP 使用 belongsTo 定義從屬關係,belongsTo 原型如下:

```
belongsTo('模型類別名稱','外鍵名','連結表主鍵名','join 類型 ='INNER'')
```

模型定義如下（預設外鍵是表名 _id，以下實例外鍵預設為 user_id）：

```
namespace app\index\model;

use think\Model;

class Wallet extends Model {
  protected function user() {
    return $this->belongsTo('User');
  }
}
$wallet = Wallet::get(['user_id'=>1]);
echo $wallet->user->realname; // 列印錢包所有者姓名
```

6.18.4 一對多連結

一對多連結也比較常見，例如一個使用者有多篇文章，每篇文章只可能屬於一個使用者。

ThinkPHP 5 透過 hasMany 定義一對多連結。hasMany 原型如下：

```
hasMany(' 模型類別名稱 ',' 外鍵名 ',' 主鍵名 ');
```

範例程式如下：

```
namespace app\index\model;

use think\Model;

class User extends Model {
  protected function articles(){
    return $this->hasMany('Article')
```

```
    }
}
$user = User::get(1);
print_r($user->articles);   // 讀取使用者所有文章
print_r($user->articles()->where('pubdate',date('Y-m-d'))->select());
// 檢視當天該使用者發佈的文章
```

6.18.5　一對多連結模型資料操作

與一對一連結類似，需要先查詢或新增主模型，然後儲存從屬模型資料，範例程式如下；

```
$user = User::get(1);
$user->articles()->save(['title'=>'demo']);   // 單一儲存
$user->articles()->saveAll([
  ['title'=>'demo1'],
  ['title'=>'demo2']
]);
```

6.18.6　一對多從屬連結

一對多從屬連結和一對一從屬連結一致，這裡不再舉例說明，可以參考前面小節的實例。

6.18.7　多對多連結

多對多連結直接用語言表述可能有點難以了解，請看以下實例。

部門和員工的關係是一個部門可以有多個員工，一個員工也可以在多個部門（雖然現實中很少這樣）。這時的資料表結構如下所示。

- 部門表（部門 ID，部門名稱）
- 員工表（員工 ID，員工姓名）
- 員工所在部門表（員工 ID，部門 ID）

如果沒有員工所在的部門表，那麼這個多對多連結是無法實現的。假設員工表有個部門 ID，這時只能查到一個員工僅有的部門，與一個員工在多個部門的需求不符。

所以多對多的結論就是：兩個模型透過中間表才能實現多對多連結。明白了這個，接下來的內容就比較簡單了。ThinkPHP 5 的多對多連結也是以該理論設計為基礎的，只不過 ThinkPHP 5 使用的是中間模型，而上文使用的是中間表，原理是一致的。

ThinkPHP 5 使用 belongsToMany 方法來實現多對多定義，belongsToMany 方法原型如下：

```
belongsToMany(' 連結模型類別 ',' 中間表 | 連結模型 ',' 外鍵 ',' 連結鍵 ');
```

例如上文中部門表（department）和員工（member）的連結程式如下：

```
namespace app\index\model;

use think\Model;

class Department extends Model {
  public function members() {
     return $this->belongsToMany('Member','department_member','member_id',
'department_id');
  }
}
$department = Department::get(1); // 取得一個部門
print_r($department->members); // 讀取該部門所有員工
```

```
foreach($department->members as $member) {
  print_r($member->pivot); // 取得中間表 (department_member) 資料
}
```

6.18.8 多對多模型資料操作

■ 完全新增連結資料（中間表無數據，被連結表也無數據）

```
$department = Department::get(1);
$department->members()->save(['name'=>' 張三 ']);
$department->members()->saveAll([
  ['name'=>' 張三 '],
['name'=>' 李四 ']
]);
```

■ 被連結表有資料（例如有員工），中間表沒資料（員工未連結到部門）

```
$department = Department::get(1);
$department->members()->attach(1);   // 將 ID 為 1 的員工連結到 ID 為 1 的部門
$department->members()->detach(1);   // 將 ID 為 1 的員工取消部門 ID 為 1 的連結
$department->members()->attach([1,2,3]); // 批次連結到 ID 為 1 的部門
$department->members()->detach([1,2,3]); // 批次解除連結
```

6.18.9 多對多從屬連結

在多對多連結關係中，連結表和被連結表地位一致，都是透過中間表連結對方，所以定義也類似。以上文中部門與員工為例，範例程式如下：

```
namespace app\index\model;

use think\Model;
```

```
class Member extends Model {
  public function departments() {
  return $this->belongsToMany('Department','department_member',
'department_id','member_id');
}
}
```

資料操作程式類似，這裡不再贅述。

6.18.10 不定類型連結模型

本小節標題可能一眼看不明白，不過沒關係，還是那句話，拋開生硬的理論介紹，直接以舉例開始。不用埋曾本小節標題，明白其中意思即可達到本小節學習的目的。

假設我們在設計一個支付系統，需要考慮的是支付通道常常是確定的，例如微信支付、支付寶支付、銀聯等，本例只考慮一種，以微信支付為例。

首先，系統有一張訂單總表，所有與微信支付有關的訂單資料都儲存在這張表裡，方便和微信支付對帳（因為入口、出口統一，這就是支付閘道的作用）。但是我們系統可能有很多類型的訂單，例如購買商場物品、購買會員服務等。總訂單表就需要一個類型欄位來指明該訂單實際是什麼類型以及對應類型的表標識鍵資料。以下是範例的表結構：

- 總訂單表（訂單 ID、訂單類型、訂單類型對應的 ID、訂單名稱、訂單金額、下單時間、支付時間、微信支付資料等）
- 商場訂單表（商場訂單 ID、訂單名稱、訂單金額、總訂單表 ID）
- 會員服務表（會員 ID、VIP 登記、生效時間、到期時間、總訂單表 ID）

當我們購買了商場訂單時，總訂單表會寫入一筆資料，訂單類型為商場訂單，訂單類型對應的 ID 為商場訂單 ID。

當我們購買了會員服務時，總訂單表會寫入一筆資料，訂單類型為會員服務，訂單類型對應 ID 為會員 ID。

看到這裡，相信有的讀者應該明白了一點東西，那就是總訂單每筆記錄連結的表是不定的，有時候是商場訂單表，有時候是會員服務表。

本章節前面講過的內容中連結表和被連結表都是確定的，每筆記錄連結的資料類型也是確定的，所以本小節名稱才定為不定類型連結模型。

以往查詢這種資料都需要循環查詢、效率極低，但是需求是要實現的，有時候只能犧牲效能保障需求，增加快取不能從根本上解決問題。好在 ThinkPHP 5 已經為我們內建了這一種連結操作。

該連結分為一對一連結和一對多連結，上文中的商場訂單為一對一連結（每個商場訂單表在總訂單表中只有一筆記錄），而像一般內容發佈系統中評論和被評論內容就是一對多連結（一篇內容可以有多筆評論）。

假設上文的總訂單表為主資料表，商場訂單和會員服務為副表，ThinkPHP 5 中副表使用 morphMany 和 morphOne 方法連結主資料表，主資料表使用 morphTo 宣告連結鍵。

morphMany 方法原型如下：

```
morphMany(' 主模型 ',' 類型欄位定義 '[,' 連結結果類型 '])
```

- 主模型在本例中為總訂單表，也就是 Order。
- 類型欄位定義有兩種方式：字串（定義的字串 _type 為類型，定義的字串 _id 為類型對應的 ID），陣列（[' 類型欄位 ',' 類型 ID 欄位 ']）。
- 連結結果預設為從表對應模型，也可以使用其他模型類別名稱。

morphOne 和 morphMany 原型類似。

morphTo 方法原型如下：

```
morphTo(' 類型欄位定義 '[,' 類型與模型對映關係 '])
```

- 類型欄位定義需要與 morphMany 或 morphOne 中類型欄位定義中相對應。
- 類型與模型對映關係在預設情況下，架構會使用副表模型名作為類型識別鍵，可以透過陣列定義來覆蓋設定。

以上面的訂單系統為例，使用 ThinkPHP 5 的不定連結類型模型來實現：

```php
// 定義商場訂單對應的總訂單
namespace app\index\model;

use think\Model;

class MallOrder extends Model {
  public function order() {
    return $this->morphOne('Order','item');
  }
}
```

根據上文中類型欄位定義規則，範例程式使用的是字串，那麼主訂單 order 表中 *item_type* 對應類型（商場訂單類型），*item_id* 對應類型 ID（商場訂單表 ID）。

```php
// 定義主資料表模型類別
namespace app\index\model;

use think\Model;
```

```
class Order extends Model {
  public function item() {
    return $this->morphTo('item',[
        'mall' => MallOrder::class,
        'vip' => VipOrder::class,
]);
  }
}
$mallOrder = MallOrder::get(1);   // 讀取商場訂單
print_r($mallOrder->order);       // 讀取商場訂單對應的總訂單

$order = Order::get(1); // 讀取總訂單
print_r($order->item);   // 讀取實際類型訂單，$order->item 有可能為商場訂單模型，
有可能為會員服務訂單模型，取決於總訂單中該資料的 item_type 欄位
```

一對多使用與一對一類似，只不過副表需要使用 morphMany 來代替 morphOne。

6.18.11 連結資料一次查詢最佳化

請看以下範例程式：

```
$users = User::where('user_id',[1,2,3])->select();
foreach($users as $user) {
  print_r($user->wallet);
}
```

答案是 4 次，第 1 次查詢使用者列表，然後循環 3 次讀取使用者錢包。

這樣的程式效率是最低的，卻是很多開發者喜歡用的，因為省事，否則需要分析所有的使用者 ID 陣列再額外查詢一次，雖然減少了查詢次數，但是邏輯複雜了一點。

為了解決該場景，ThinkPHP 5 提供了連結資料一次查詢最佳化的功能，將原本需要開發者手動分析 ID 再查詢連結表的操作封裝起來。開發者只要多呼叫一個函數即可。

仍然以本節開頭的內容為例，使用連結資料一次查詢最佳化後的程式：

```
$users = User::with('wallet')
->where('user_id',[1,2,3])
->select();
foreach($users as $user) {
  print_r($user->wallet);
}
```

上面的程式改動不大，但是對於效率的提升是非常明顯的，特別是資料量多的時候，由 N+1 次查詢變為了 2 次查詢。

with 函數可以透過傳入陣列的形式同時載入多個連結模型，也可以透過語法來載入巢狀結構數據。

```
// 提前載入使用者資料和錢包資料
User::with(['profile','wallet'])->select([1,2,3]);
// 提前載入錢包資料和錢包對應流水記錄
User::with('wallet.water')->select([1,2,3]);
// 提前載入錢包資料以及對應流水記錄和錢包對應提現記錄
User::with(['wallet'=>['water','withdrawal']])->select([1,2,3]);
```

視圖

MVC 架構的最後一個成員——視圖登場。視圖主要是為了展示資料以及與使用者互動並收集互動資料上報到 Controller。不過隨著近年來行動網際網路的發展，很多服務端應用已經只傳回互動資料的 JSON 或 XML，而不傳回頁面。

7.1 繪製方法

ThinkPHP 5 的範本輸出方式和 ThinkPHP 3.2 類似，以下是控制器方法說明（需要繼承 \think\Controller）：

- fetch：繪製範本並傳回繪製結果。
- display：繪製範本並輸出。
- assign：範本設定值。
- engine：設定範本引擎（ThinkPHP 5 支援 PHP 和 Think 範本引擎）。

如果目前控制器未繼承 think\Controller，就需要使用 view 函數來輸出內容。view 函數原型如下：

```
view(' 範本檔案 ',' 範本資料 ',' 範本取代資料 ')
```

7.2 範本引擎設定

範本引擎設定在 config.php 的 template 鍵，以下是範例設定：

```
'template' => [
  'type' => 'Think',              // 範本引擎
  'view_path' => './template/',   // 範本目錄
  'view_suffix' => 'html',        // 範本副檔名
  'view_depr' => DS,              // 範本檔案分隔符號
  'tpl_begin' => '{',             // 範本引擎普通標籤開始標記
  'tpl_end' => '}',               // 範本引擎普通標籤結束標記
  'taglib_begin' => '<',          // 範本引擎標籤函數庫開始標記
  'taglib_end' => '>',            // 範本引擎標籤函數庫結束標記
  'view_base' =>  'views',        // 全域視圖根目錄
'view_replace_str' => [
  '__PUBLIC__' => '/public/',
  '__JS__' => '/public/js/'
]
]
```

7.3 範本設定值與繪製

ThinkPHP 5 使用 assign 方法來實現範本設定值，使用 display 方法來實現繪製，例如：

```
namespace app\index\model;

use think\Controller;

class User extends Controller {
  public function index() {
    $users = User::all();
    $this->assign('list',$users);
    return $this->display('index',$users);
  }
}
```

display 方法的第一個參數為範本檔案，有以下幾種傳參形式：

- 不傳：自動識別為目前模組 / 目前控制器 / 目前操作對應目錄。
- 操作：自動識別為目前模組 / 目前控制器 / 傳入操作名稱。
- 控制器 / 操作：識別為目前模組 / 傳入控制器 / 傳入操作名稱。
- 模組 @ 控制器 / 操作：識別為傳入模組 / 傳入控制器 / 傳入操作名稱。
- 完整範本檔案路徑：使用實體路徑來繪製，需要包含副檔名。

7.4 Think 範本引擎語法

Think 範本引擎包含普通標籤和標籤函數庫標籤。普通標籤提供變數輸出和範本註釋功能，其他功能由標籤函數庫提供，如條件判斷、列表繪製等。

普通標籤以設定項目 tpl_begin 和 tpl_end 為界定符號，標籤函數庫標籤以設定項目 taglib_begin 和 taglib_end 為界定符號。這一點需要注意，否則你的程式可能會執行錯誤。

7.4.1 變數輸出

使用普通標籤撰寫範本，程式如下：

```
// 控制器方法
public function hello(){
  $this->assign('name','World');
  return $this->display()
}
// 範本檔案程式
你好,{$name}
```

開啟瀏覽器存取對應的方法就會顯示「你好,World」。

- 如果變數是陣列，那麼可以使用 {$data.name} 或 {$data['name']} 來輸出資料。
- 如果變數是物件，那麼可以使用 {$data->name} 來輸出資料。

7.4.2 範本內建變數

內建變數就是 ThinkPHP 5 已經提供的，可以直接拿來使用的變數，簡化控制器層的設定值操作，目前有以下幾種變數：

- $_SERVER {$Think.server.request_uri}
- $_ENV {$Think.env.PATH}
- $_POST {$Think.post.username}
- $_GET {$Think.get.keyword}
- $_COOKIE {$Think.cookie.token}
- $_SESSION {$Think.session.user_id}
- $_REQUEST {$Think.request.name}
- 常數 {$Think.const. 常數名 }
- 設定 {$Think.config.template}
- 多語言設定 {$Think.lange.error}
- Request物件{$Request.get.page}（注意和$_REQUEST區分，$_REQUEST 是 PHP 內建，Request 由 ThinkPHP 提供）

7.4.3 預設值

輸出範本的時候，如果沒有資料就需要列出一個預設提示，例如一些網址上面的個性簽名；如果使用者未設定的時候，網頁會顯示「這傢伙很懶，什麼也沒寫」。利用 ThinkPHP 5 的範本引擎變數預設值可以方便地實現這個功能。

```
{$Think.session.signature|default=' 這傢伙很懶，什麼也沒寫 '}
```

7.4.4 使用函數

某些場景下需要對變數進行函數處理後再輸出到範本,這時在範本中使用函數比在控制器中使用函數靈活,例如格式化時間戳記這種常用操作。函數參數位置不同會影響到範本編輯方式,以下是常用場景:

(1)第一個參數為目前變數,如 md5/substr 函數:

```
{$user.password|md5}
// 編譯結果 <?php echo md5($user['password']);?>
{$user.nickname|substr=0,20}
// 編譯結果 <?php echo substr($user['nickname'],0,20);?>
```

(2)第一個參數不是目前變數,如 date 函數:

```
{$user.created_at|date='m-d H:i',###}
```

可以看到需要使用 ### 來指明目前變數在函數參數中的位置,這一點和 ThinkPHP 3.2 相同。

(3)同時使用函數和預設值:

```
{$user.created_at|date='m-d H:i',###|default='10-0100:00'}
```

(4)使用多個函數:

```
{$user.password|md5|strtoupper|substr=8,16}
```

(5)按照從左至右的方式執行,所以該範本編譯結果為:

```
<?php echo substr(strtoupper(md5($user['password'])));?>
```

7.4.5 算術運算子

範本中使用算術運算子和 PHP 程式中使用算術運算子規則一致。需要注意的是，函數呼叫方式有變化，以下是範例程式：

```
{$user.balance*100}      // 正確
{$user.balance--}        // 正確
{$user.balance*5/2}      // 正確
{$user.score|func*100}   // 錯誤
{func($user['score'])*100} // 正確
```

7.4.6 三目運算子

```
{$banned?' 封禁 ':' 正常 '}
{$name??' 無名氏 '}
// 編譯結果為 <?php echo isset($name)?$name:' 無名氏 ';?>，同 PHP7 語法
{$name?='true'}
// 編譯結果為 <?php if(!empty($name)){echo 'true';}?>
{$name?:'false'}
// 編譯結果為 <?php echo $name?$name:'false';?>
```

7.4.7 不解析輸出

由於範本引擎的關係，任何 {$xx} 程式都有可能被輸出，但是一些特殊情況不能輸出這些變數，這時需要使用 literal 標記，這個跟 ThinkPHP 3.2 是一致的。

```
{literal}
  你好 ,{$name}
{/literal}
```

最後輸出結果為「你好 ,{$name}」。

7.4.8 版面配置檔案

日常開發中很多網頁的表頭和底部是統一的：表頭是導航，底部是頁尾、版權説明等。為了加強程式重複使用性，ThinkPHP 5 提供了版面配置功能，繪製流程變為：版面配置檔案→視圖檔案。

開啟範本版面配置有三種方式。

（1）第一種是以全域設定為基礎的，當你的網站版面配置只有一種時可以採用，一次設定，處處使用。全域版面配置需要在應用設定中設定 template 項，程式如下：

```
'template' => [
  'layout_on' => true,
  'layout_name' => 'layout_file'
]
```

範本版面配置檔案的範例程式如下：

```
<!DOCTYPE html>
<html>
<head>
<title>網站標題</title>
</head>
<body>
<header>表頭</header>
{__CONTENT__}
<footer>底部</footer>
</body>
</html>
```

__CONTENT__ 是 ThinkPHP 5 預設的範本版面配置取代預留位置，可以透過設定檔設定，範例程式如下：

```
'template' => [
  'layout_on' => true,
  'layout_name' => 'layout_tile',
  'layout_item' => '__BODY__'
]
```

實際範本程式如下：

```
<p> 你好 !</p>
```

最後繪製的結果為：

```
<!DOCTYPE html>
<html>
<head>
<title> 網站標題 </title>
</head>
<body>
<header> 表頭 </header>
<p> 你好 !</p>
<footer> 底部 </footer>
</body>
</html>
```

（2）第二種是以範本引擎語法為基礎的方式，該方式不可以同時和全域設定一起使用，否則將可能導致版面配置繪製無窮迴圈！以剛才的實際範本為例，範例程式如下：

```
{layout name="layout"/}
<p> 你好 !</p>
```

繪製結果跟全域設定方式是相同的，有興趣的讀者可以檢視網頁原始程式比較一下。

（3）第三種是控制器程式方式，該方式靈活性最大（畢竟是程式層面），範例程式如下：

```php
namespace app\index\controller;

use think\Controller;

class User extends Controller
{
  public function index() {
    $this->view->engine->layout(true);
    return $this->display('index');
  }
}
```

$this->view->engine->layout(true) 為範本版面配置程式，layout 方法接收以下類型的參數：

- true：使用預設版面配置檔案（application/index/view/layout.html）。
- false：臨時關閉範本版面配置。
- string：使用傳入的版面配置檔案，如 layout('layouts/main.html') 將使用 application/index/view/layouts/main.html 版面配置。

在三種版面配置方式中，第一種是全域的；後面兩種是臨時的，對別的頁面沒有影響。各位讀者可以評估專案類型來決定採用何種版面配置方式。

雖然設定了全域範本版面配置，但是某些情況下需要臨時關閉它以採用不同的頁面。ThinkPHP 5 提供了 __NOLAYOUT__ 預留位置來指明目前

範本檔案不需要開啟範本版面配置（開啟之後無論什麼方式設定的範本
版面配置都不可以生效），實際範本範例程式如下：

```
{__NOLAYOUT__}
<p>你好 !</p>
```

最後的繪製結果為：

```
<p>你好 !</p>
```

臨時關閉範本版面配置後需要重寫表頭和底部程式，這一點希望各位讀
者注意一下。

7.4.9 範本包含

日常開發中有一些程式量比較小但是使用場景很多的版面配置程式，例
如部落格系統中最常見的評論功能，雖然可以做到版面配置裡面，但是
一般做成掛件比較好，可以隨處使用。

範本包含的語法如下：

```
{include file=' 檔案 1, 檔案 2…'/}
```

引用檔案可以傳入範本相對路徑或模組 @ 控制器 / 操作，範例程式如
下：

■　模組 @ 控制器 / 操作

```
{include file="public/header,public/sidebar" /}
```

■　範本相對路徑

```
{include file="../application/view/default/public/menu.html" /}
```

路徑起點為 Web 入口檔案的總目錄,所以本例設定 public 目錄為檔案目錄的起點。

> **提示**
>
> 88AB 包含的範本檔案不會呼叫所屬控制器的方法,所屬控制器中使用 assign 設定值程式將不會執行。範本如果用到了變數,需要在發起呼叫的控制器中設定值,例如:
>
> ```
> public/header.html
> <head>
> <title>{$title}</title>
> </head>
> app/index/controller/PublicController.php
> namespace app\index\controller;
>
> use think\Controller;
>
> class PublicController extends Controller
> {
>   public function header() {
>     $this->assign('title','你好');
>     return $this->display();
> }
> }
>   user/index.html
> {include file="public/header" /}
> <p>使用者首頁</p>
> ```
>
> 這時存取 user/index,網頁標題不會顯示「你好」,因為 public/header.html 是被引用檔案,根據 ThinkPHP 5 架構執行規則,public/header.html 範本下的 {$title} 不會被解析。

7.4.10 被包含範本使用變數

如果需要在被包含範本中顯示變數，需要對範本進行一個小的修改，範例程式如下：

❑ public/header.html

```
<head>
<title>[title]</title>
<meta name="keywords" content="[keywords]" />
<meta name="description" content="[description]" />
</head>
```

❑ app/index/controller/UserController.php

```
namespace app\index\controller;

use think\Controller;

class UserController extends Controller
{
  public function index() {
    $this->assign('title', ' 我是標題 ');
    $this->assign('description',' 我是簡介 ');
    return $this->display();
  }
}
```

❑ user/index.html

```
{include file="public/header" title="$title" keywords=" 我是關鍵字 "
description="$description" /}
<p> 你好 </p>
```

可以看到被引用檔案中的 {$title} 取代成了 [title]，這個 title 是從 user/ index 操作設定值的。另一種設定值操作是直接在範本中傳入的，例如本例中的 keywords。

7.5 範本繼承

範本繼承在 ThinkPHP 3.2 就已經存在了，到 ThinkPHP 5 後，用法差不多，都是先定義一個基礎範本，然後定義 block 區塊，最後在其他範本中「實現」這些區塊。

7.5.1 繼承語法

本小節介紹範本繼承語法。

可在基礎範本中定義 block 區塊，繼承範例如下：

基礎範本 base.html：

```
<!DOCTYPE html>
<html>
<head>
  <title>{block name="title"} 標題 {/block}</title>
</head>
<body>
{block name="navbar"} 導覽列 {/block}
{block name="menubar"} 功能表列 {/block}
{block name="content"} 內容 {/block}
{block name="footer"} 底欄 {/block}
</body>
</html>
```

實際操作範本，如 user/index 操作：

```
{extend name="base" /}
{block name="title"} 個人中心 {/block}
{block name="navbar"} 個人中心導航 {/navbar}
{block name="menubar"} 左側選單 {/block}
{block name="content"} 個人中心內容 {/block}
{block name="footer"} 個人中心底部導航 {/block}
```

extend 的 name 支援以下三種方式的參數：

- 操作名稱，如 base。
- 控制器：操作名稱，如 Public:base。
- 相對路徑，如 ../application/index/view/default/base.html。

7.5.2 繼承範本合併

有時候完全取代繼承的 block 程式會導致程式重複率升高，例如全站底部的友情連結，其實每個頁面是一樣的，但是每個頁面底部導航可能不一樣，這時就需要使用到繼承範本合併語法了。還是以之前的程式為例，base 基礎範本程式可以不變，user/index 操作程式如下：

```
{extend name="base" /}
{block name="title"}{__block__} 個人中心 {/block}
{block name="navbar"} 個人中心導航 {/navbar}
{block name="menubar"} 個人中心功能表列 {/navbar}
{block name="content"} 個人中心內容 {/block}
{block name="footer"} 個人中心底部導航 {/block}
```

{__block__} 最後將繪製為基礎範本中 name 為 title 的 block，也就是說實例的最後繪製結果為：

```
<!DOCTYPE html>
<html>
<head>
  <title>標題個人中心 </title>
</head>
<body>
個人中心導航
個人中心功能表列
個人中心內容
個人中心底部導航
</body>
</html>
```

7.5.3 範本繼承注意事項

■ 實際操作範本只解析 block 區塊內的程式，block 外面的程式不會解析，也不會生效。

■ 架構對 block 先後順序無要求，實際順序是依賴於版面配置檔案排版需要的。

7.6 範本標籤函數庫

ThinkPHP 視圖最成功的地方莫過於標籤函數庫了，真的非常強大，配合自訂的標籤函數庫，開發一個 CMS 系統也不是什麼難事。

標籤函數庫的功能大致是分析常用範本程式，透過導入參數，繪製固定的頁面。這個在 CMS 系統中很常用，例如以下虛擬程式碼：

```
<article id="{ctx.request.article_id}"/>
```

這裡的 article 就是白訂的標籤，傳入的是目前請求參數中的 article_id，顯示效果是文章詳情。

看到這裡，有的讀者是不是很興奮呢？不用心急，一步一步來，先學會使用內建的標籤函數庫，然後開發自己專用的標籤函數庫。

7.6.1 匯入標籤庫

使用任何標籤之前都需要匯入標籤函數庫（內建標籤函數庫不需要手動匯入），匯入語法為：

```
{taglib name="article,plan"/}
```

如上程式就匯入了兩個標籤函數庫。需要注意的是，匯入的標籤需要事先定義，否則匯入無效。

7.6.2 使用標籤函數庫

依舊以上面的標籤函數庫程式為例，假設我們的 article 標籤函數庫中有 show 和 comment 兩個標籤函數庫，分別對應顯示文章和顯示文章評論功能。

呼叫程式如下：

```
{article:show id="articleId"}
  <h1>{$data.title}</h1>
```

```
<p>{$data.content}</p>
{/article}
{article:comment id="articleId"/}
```

可以看到 article:show 需要成對使用，而 article:comment 卻不需要，有
的讀者可能會感到疑惑，是不是可以隨意使用？實際上不是的，標籤函
數庫定義的時候是什麼類型，使用的時候就需要搭配使用。

7.6.3 標籤預先載入

如果每使用一個標籤函數庫都需要在範本中手動載入，就將有很多的程
式重複，而且不利於維護。ThinkPHP 5 提供了標籤預先載入功能，可
以在設定檔中將一些常用標籤提前匯入，以減輕範本中匯入標籤的程式
量。設定程式範例如下：

```
'taglib_pre_load' => 'article,plan'
```

標籤函數庫在範本函數庫中的使用程式不變，只是少了標籤函數庫預先
載入這一步驟。

7.6.4 內建標籤

內建標籤與 ThinkPHP 3.2 區別不大，大致是判斷、循環、設定值這三
種，本小節將對每個標籤都進行簡單的程式範例說明。

1. 判斷標籤

- switch/：多分支判斷。
- eq：判斷是否相等。

- neq eq：反義詞。
- lt：小於。
- gt：大於。
- elt：小於等於。
- egt：大於等於。
- in：判斷在列表中。
- notin in：反義詞。
- between：判斷在範圍中。
- notbetween：判斷不在範圍中。
- present：判斷是否設定值，類似 PHP 的 isset。
- notpresent present：反義詞。
- empty：判斷是否為空，類似 PHP 的 empty。
- notempty empty：反義詞。
- defined：判斷常數是否定義，類似 PHP 的 defined。
- notdefined：判斷常數未定義。
- if/elseif/else：複雜條件判斷，簡單的可以用其他判斷標籤。

2. 循環標籤

- volist：循環輸出陣列。
- foreach：循環，類似 PHP 的 foreach。
- for：for 循環，類似 PHP 的 for。

3. 設定值標籤

- define：定義常數，類似 PHP 的 define。
- assign：變數設定值，類似 ThinkPHP 的控制器設定值。

4. 其他標籤

- include：引用檔案。
- load/js/css：載入 js/css。
- php：使用 PHP 程式。

7.6.5 內建標籤範例

1. switch

與 PHP 的 switch 類似，也是多分支判斷，同樣支援是否 break 以及 default。範例程式如下：

```
{switch name="order.status"}
  {case value="0" break="0"} 待付款 {/case}
  {case value="1" break="1"} 已付款 {/case}
  {case value="$is_delivery"} 已發貨 {/case}
  {case value="3"} 已收貨 {/case}
{case value="4|5"} 已完成 {/case}
{default /} 未知狀態
{/switch}
```

以下一行一行解釋範例程式：

- 第 1 行：使用變數 order.status 作為 switch 判斷條件。需要注意的是此處不需要在變數前面加 $ 符號。

- 第 2 和 3 行：value 為需要判斷的值，類似 PHP 的 case 條件；break 為是否跳出本次 case，意義和 PHP 一樣，傳入 1 時繪製結果會增加 break，傳入 0 時不會增加 break。

- 第 4 行：value 為另一個變數時進入本分支，需要注意的是此處需要增加 $ 符號。

- 第 5 行：沒有特別意義。

- 第 6 行：多個值時任意一個滿足都會進入本分支，但如果傳入的 case 是變數，就不支援多個。以下程式不被支援：

```
{case value="$a|$b"} 已完成 {/case}
```

- 第 7 行：其他分支條件都不滿足時進入 default 分支。需要注意的是本標籤為自閉合標籤，上面的 case 標籤都需要成對出現。

```
eq/neq/lt/gt/elt/egt
```

判斷是否相等 / 不相等 / 小於 / 大於 / 小於等於 / 大於等於標籤，範例程式如下：

```
{eq name="user.sex" value="1"} 男 {/eq}
{neq name="user.sex" value="$male"} 男 {/neq}
```

從 switch 和本例範例程式可以看出，name 屬性不需要增加 $，而 valuc 如果使用變數就需要使用 $。

eq/neq/lt/gt/elt/egt 這幾個詞在模型層查詢章節也出現過，有的讀者可能不明白縮寫涵義導致死記硬背，這裡解釋一下：

- eq：equal，相等。
- neq：not equal，不相等。
- lt：less than，小於。
- gt：greater than，大於。
- elt：equal or less than，小於或等於。
- egt：equal or greater than，大於或等於。

2. in/notin

判斷是否在列表 / 不在列表中，範例程式如下：

```
{in name="order.status" value="1,2,3"} 已支付 {/in}
{notin name="order.status" value="$status"} 未支付 {/notin}
```

name 的規則跟上文中一致，不需要 $，後面的內容中將不再說明。value
規則也是一致的，如果需要使用變數則增加 $：當 value 為變數時，支援
陣列和逗點分隔的字串；當 value 為值時，僅支援逗點分隔的字串。

3. between/notbetween

判斷是否在範圍 / 不在範圍中，範例程式如下：

```
{between name="user.age" value="1,17"} 未成年人 {/between}
{notbetween name="user.age" value="1,17"} 成年人 {/notbetween}
```

between/notbetween 的 value 也支援變數和字串，規則和 in/notin 一致，
變數支援陣列和逗點分隔的字串，值支援逗點分隔的字串。

4. present/notpresent

判斷是否設定值，類似 PHP 的 isset，範例程式如下：

```
{present name="sex"} 已設定值 {/present}
{notpresent name="sex"} 未設定值 {/notpresent}
```

5. empty/notempty

判斷是否為空，類似 PHP 的 empty，範例程式如下：

```
{empty name="sex"} 性別為空 {/empty}
{notempty name="sex"} 性別不為空 {/notempty}
```

可能有的讀者會對 isset 和 empty 感到混淆，其實不用記那麼多，只需要

記住零值和未定義 empty 都傳回 true，而 isset 只有定義過就傳回 true，不管是不是零值。未定義在 PHP 中的判斷為「真的未定義，或定義過但是設定值為 null」。

6. defined/notdefined

判斷常數是否定義，一定要區分與 empty/notempty/present/notpresent 的 區 別，defined/notdefined 只 針 對 常 數， 而 empty/notempty/present/notpresent 只針對變數，範例程式如下：

```
{defined name="PHP_ENV"} 已定義 PHP_ENV 常數 {/defined}
{notdefined name="PHP_ENV"} 未定義 PHP_ENV 常數 {/notdefined}
```

7. if/elseif/else

比較複雜的判斷標籤，作用和語法與 PHP 的 if/elseif/else 相同，範例程式如下：

```
{if condition="$user.name eq 'zhangsan'"} 張三
{elseif condition="$user.name eq 'lisi'"} 李四
{elseif condition="$user.name neq 'wangwu'"} 不是王五
{else/} 其他人
{/if}
```

condition 是 if 的唯一判斷條件，支援 PHP 運算式，所以變數需要使用 $，其次就是判斷符號需要使用 ThinkPHP 的簡寫，不可以使用 < 或 > 符號，原因是會導致範本引擎誤認為是標籤界定符號導致解析出錯。

所有成對出現的標籤都可以使用 else，範例程式如下：

```
{empty name="sex"} 性別為空
{else/} 性別不為空
{/empty}
```

8. volist

volist 是 ThinkPHP 提供的非常強大的標籤之一，原型如下：

```
{volist name=" 列表變數名稱 " id=" 循環變數名稱 " offset=" 起始行 " length=
" 循環長度 " empty=" 清單變數為空時預留位置 "}
{$ 循環變數名稱 } // 使用循環變數，支援本章所有標籤獨立使用
{/volist}
```

offset/length/empty 為可選屬性。假設需要顯示一個使用者清單的第 5~10
行資料，範例程式如下：

```
{volist name="users" id="user" offset="5" length="5" empty=" 沒有使用者 "}
姓名：{$user.name} <br/>
性別：{eq name="user.sex" value="1"} 男 {else/} 女 {/eq}
{/volist}
```

可以看到範例程式中使用了 eq 標籤，傳入的 name 是不帶 $ 的，與之前
講過的規則一致。

需要注意的是，empty 屬性不支援 HTML 程式，也就是說如果給 empty
傳入 HTML 程式，這些程式會直接顯示在頁面上，但是值得一提的是
empty 支援變數，變數的值可以包含 HTML 程式。下面是範例程式：

```
{volist name="list" id="item" empty="<strong> 資料為空 </strong>"}
{/volist}
```

將輸出：

```
<strong> 資料為空 </strong>
```

若是變數設定值程式，則會顯示解析後的 HTML 程式，範例如下：

控制器程式：

```
$this->assign('empty','<strong> 資料為空 </strong>')
```

視圖程式：

```
{volist name="list" id="item" empty="$empty"}
{/volist}
```

將輸出（書上可能不明顯，讀者在瀏覽器上可以看到粗體的字型）：

資料為空

9. foreach

foreach 循環輸出陣列，與 volist 相似，但是只有 name 和 item 屬性，範例程式如下：

```
{foreach name="users" item="user" key="index"}
目前第 {$index+1} 個使用者
  姓名：{$user.name} <br/>
  年齡：{$user.age}
{/foreach}
```

10. for

比較原始的標籤，但是可以自由控制條件，for 的屬性比較多，這裡說明一下 for 標籤的原型：

```
{for start=" 初始化值 " end=" 結束值 " comparison=" 比較方式 " step=" 每次循環變化
值 " name=" 循環變數名稱 "}
循環本體
{/for}
```

這裡舉一個 PHP 程式的實例來協助讀者了解一下 for 標籤，PHP 程式如下：

```
for($i=0;$i<10;$i+=2) {
}
```

- start：0。
- end：10。
- comparison：<。
- step：2。
- name：i。

需要注意的是，上文中 comparison 只是對應 PHP 程式中 <（小於號）的意義，實際使用中不可以使用 <> 這種符號，原因在上面的內容中解釋過了，會引起範本引擎解析錯誤，需要使用 lt/gt 等符號代替。

11. define/assign

定義一個常數 / 變數，範例程式如下：

```
{define name="PHP_ENV" value="production"/}
{assign name="sex" value="$Think.get.sex"/}
```

可以看到 name 和 value 語法與上文說的一致，大家學會之後確實可以舉一反三！這也是 ThinkPHP 架構設計的優點。

12. include

include 的標籤在範本引擎章節已經介紹過，這裡不再贅述，有需要的讀者可以參閱前面的章節。

13. load/js/css

ThinkPHP 提供用來簡化 CSS/JS 資源載入的便利標籤，也就是沒有這些
標籤也可以透過原生形式的 link 和 script 標籤來實現載入。但是 load/js/
css 支援匯入多筆資源，這個比較方便。範例程式如下：

```
{load href="/js/main.js,/js/vendor.js"/}
{load href="/css/style.css,/css/vendor.css"/}
{js href="/js/main.js"/}
{css href="/css/main.css"/}
```

需要注意的是，這裡的路徑是以目前 URL 為基礎的，也就是這裡的路徑
和原生程式使用時的路徑一致。

14. PHP 程式

當所有標籤都無法滿足需求時，ThinkPHP 提供了保底方案——原生
PHP 程式。作者並不推薦大家使用，但是需求最後還是要實現的，範例
程式如下：

```
{php}echo date('Y-m-d H:i:s');{/php}
```

由於 php 標籤內只支援 PHP 語法，因此本章節標籤無法在 php 標籤內部
使用，因為這不是 PHP 語法，而是 ThinkPHP 範本引擎的語法。

7.6.6 標籤巢狀結構

ThinkPHP 5 判斷標籤和循環標籤支援巢狀結構，以下是一個 volist 巢狀
結構的實例：

```
{volist name="users" id="user"}
  {volist name="$user['articles']" id="article"}
      文章標題:{$article.title} <br/>
      作者:{$user.name} <br/>
  {/volist}
{/volist}
```

驗證器

資料驗證在 ThinkPHP 3 時是整合到 Model 層的，功能叫自動驗證。從筆者的 MVC 開發經驗來說，資料驗證應該在 Controller 中來處理，Controller 將輸入的資料進行處理後傳給 Model 層或業務層處理，然後將 Model 層或業務層的回應包裝或繪製後輸出到用戶端。

8.1 驗證器類別

ThinkPHP 5 使用 \think\Validate 類別或驗證器驗證，將驗證層獨立出來有利於程式分層以及程式解耦，當我們需要對資料驗證進行變更時，不會影響到其他層的程式（ThinkPHP 3 會導致模型層程式變更）。

（1）使用內建驗證器，該程式建議撰寫在 Controller 的 action 方法中：

```
$validator = new Validate([
  'realname' => 'require|max:10',
  'idcard' => 'require|max:18',
  'email' => 'email'
],[
  'realname.require' => '姓名不能為空',
'realname.max' => '姓名不能超過十個字',
'idcard.require' => '身份證字號碼不能為空',
'idcard.max' => '身份證長度錯誤',
'email.email' => '電子郵件格式錯誤'
]);
$data = request()->post();
if(!$validator->check($data)) {
  throw new Exception($validator->getError());
}
```

使用內建的驗證器時，驗證器第一個建置參數為規則定義陣列，第二個參數為錯誤訊息，可以針對不同的規則顯示不同的錯誤訊息。

（2）使用獨立驗證器。該程式建議撰寫在模組的 validator 命名空間中，需要驗證的每個請求多需要使用獨立驗證器類別來驗證。

```
namespace app\index\validator;

use think\Validate;

class IdCardRequestValidator extends Validate {
  protected $rule = [
    'realname' => 'require|max:10',
    'idcard' => 'require|max:18',
```

```
        'email' => 'email'
];
protected $message = [
        realname.require' => '姓名不能為空',
'realname.max' => '姓名不能超過十個字',
'idcard.require' => '身份證字號碼不能為空',
'idcard.max' => '身份證長度錯誤',
'email.email' => '電子郵件格式錯誤'
];
}
// 以下為控制器程式
function idcard() {
  $validator = new IdCardRequestValidator();
  $data = request()->post();
  if(!$validator->check($data)) {
      throw new Exception($validator->getError());
  }
}
```

可以看到 ThinkPHP 5 的驗證器規則和 Laravel 架構的有點類似。熟悉
Laravel 架構的讀者會很快上手 ThinkPHP 5 的驗證器。

8.2 驗證規則

在 8.1 節中示範了兩種驗證器的使用方式，其中兩種方式的驗證規則設
定是一致的 -- 透過陣列設定，陣列鍵為需要驗證的欄位值，陣列值為
該欄位的驗證規則，多個規則使用|（鍵盤 Enter 上面的鍵，需要使用
Shift+ 該鍵才能打出來）分隔。

ThinkPHP 5 內建了很多規則（見表 8-1），日常開發中夠用，不需要額外
自訂驗證規則。當然，特殊情況下需要自訂規則，將在下一節說明。

表 8-1 驗證規則

驗證器名稱	說明	範例程式
require	必填	'name'=>'require'
integer	整數	'age'=>'integer'
float	浮點數	'percent'=>'float'
bolean	布林值	'banned'=>'boolean'
email	電子郵件	'email'=>'email'
array	陣列	'list'=>'array'
date	日期	'pubdate'=>'date'
alpha	字母	'username'=>'alpha'
alphaNum	字母＋數字	'username'=>'alphaNum'
alphaDash	字母＋數字＋底線＋橫線	'username'=>'alphaDash'
chs	中文	'realname'=>'chs'
chsAlpha	中文＋字母	'realname'=>'chsAlpha'
chsAlphaNum	中文＋字母＋數字	'realname'=>'chsAlphaNum'
chsDash	中文＋字母＋陣列＋橫線＋底線	'realname'=>'chsDash'
activeUrl	主機名稱（包含域名和 IP）	'hostname'=>'activeUrl'
url	連結	'homepage'=>'url'
ip	IPv4/IPv6 位址	'created_ip'=>'ip'
dateFormat: format	指定格式日期	'pubdate'=> 'dateFormat:y-m-d'

驗證器名稱	說明	範例程式
in	在列表中	'sex'=>'in:1,2'
notIn	不在列表中	'sex'=>'notIn:1,2'
between	在區間中	'age'=>'between:18,24'
notBetween	不在區間中	'age'=>'notBetween:18,24'
length:min, max	字串長度 陣列元素數量 檔案大小	'username'=>'length:6,18' 'idcard=>'length:18'
max:number	字串最大長度 陣列最大元素數量 檔案最大大小	'url'=>'max:100' 'list'=>'max:10', 'file'=>'max:1024'
min:number	字串最小長度 陣列最小元素數量 檔案最小大小	'str'=>'min:10'
confirm	驗證和另一欄位一致，常用於密碼確認	'password2'=> 'confirm:password'
different	驗證和另一欄位不同	'password'–> 'different:username'
eq	相等	'age'=>'eq:18'
egt	大於等於	'age'=>'egt:18'
gt	大於	'age'=>'gt:18'
elt	小於等於	'age'=>'elt:18'
lt	小於	'age'=>'lt:18'

驗證器名稱	說明	範例程式
regex: 正規表示法	正規驗證（如果正規中含有|，需要使用陣列定義，一個陣列元素為一個規則）	'postcode'=>'regex:\d{6}' 'username'=> ['require', 'regex'=>'(male|female)']
file	檔案	'logo'=>'file'

8.3 自訂規則

自訂規則需要使用自訂的驗證器才可以，範例程式如下：

```php
namespace app\index\validator;

use think\Validate;

class IdCardRequestValidator extends Validate {
  protected $rule = [
      'name' => 'test:male'
];

protected $message = [
      'name' => '姓名不符合規則'
];

protected function test($val,$rule,$data,$column,$msg) {
      return $rule==$val ? true: $msg;
  }
}
```

自訂規則驗證方法原型如下：

```
驗證器名稱 ( 欄位值 , 規則 , 所有欄位鍵值對陣列 , 欄位名稱 , 欄位簡介 )
```

8.4 控制器 / 模型驗證

ThinkPHP 5 附帶的控制器和模型層都整合了驗證方法，我們只需要呼叫即可。

（1）控制器使用內建驗證器驗證

```
$msg = $this->validate(
request()->post(),
  ['name'=>'require|max:20']
);
if($msg !== true) {
  throw new Exception($msg);
}
```

由於 validate 的傳回值為 true 或出現錯誤時的錯誤訊息，因此此處需要強驗證傳回為 true。

（2）控制器使用自訂驗證器驗證

```
$msg = $this->validate(
request()->data(),
IdCardRequestValidator::class
);
```

（3）模型層使用內建驗證器驗證

```
$model = new User();
```

```
$msg = $model->validate(
['name'=>'require|max:20'],
[
'name.require'=>' 姓名不能為空 ',
  'name.max'=>' 姓名最多 20 字 '
])->save($data);
if($msg !== true) {
  throw new Exception($msg);
}
```

（4）模型層使用自訂驗證器驗證

```
$model = new User();
$msg = $model->validate(IdCardRequest::class)->save($data);
if($msg !== true) {
  throw new Exception($msg);
}
```

8.5 便捷驗證

有時在控制器中想簡單驗證某一變數是否符合規則又不想寫複雜的判斷，就可以使用 ThinkPHP 5 驗證器的靜態方法來驗證：

```
if(!Validate::length('idcard',18)) {
  throw new Exception(' 身份證字號碼長度錯誤 ');
}
```

值得一提的是，便捷驗證只傳回 bool 類型的值，錯誤訊息需要自己處理。

8.6 小結

驗證器的出現可以讓我們將資料驗證程式和業務邏輯程式分隔開來,有利於程式解耦,加強了程式的可維護性。

ThinkPHP 一直的理念「大道至簡,開發由我」在,本章節中貫徹得非常透徹,透過設定式的程式解決了以往大段判斷的程式,而這種程式實際上是沒有意義的。

緩存

快取系統是應用高性能執行的保障，無論多麼高設定的伺服器、多麼厲害的架構，離開了快取都無異於空中樓閣，不切實際。快取系統能夠成量級地降低資料庫的負載，是一個企業級應用的重要組成部分。

ThinkPHP 5 和之前的快取設定、使用都差不多，所以這個升級門檻近乎為零。

9.1　快取設定

透過應用設定檔的 cache 鍵進行設定，程式如下：

```
'cache' => [
  'type' => 'File',
  'path' => './runtime',
```

```
'prefix' => '',
'expire' => 0
]
```

目前 ThinkPHP 5 支援 file、memcached、wincache、sqlite、redis、xcache。由於 ThinkPHP 5 是基於驅動設計來實現快取系統,因此切換快取只需要更改設定程式即可,不需要更改業務程式。通用的設定參數有 type、prefix、expire。

9.2 快取操作

```
Cache::set('key','val',3600); // 快取一個小時
Cache::get('key');              // 讀取快取
Cache::inc('name',1);           // 自動增加 1
Cache::dec('name',3);           // 自減 3
Cache::rm('key');               // 刪除快取
Cache::pull('key');             // 讀取快取,並刪除該 key,傳回讀取到的值
Cache::clear();                 // 清空快取
// 如果存在就傳回,如果不存在就寫入快取之後傳回
Cache::remember('key',function(){
  return 'data;'
},3600);
```

Session 和 Cookie

ThinkPHP 5 使用 \think\Session 和 \think\Cookie 對 PHP 原生的 Session 和 Cookie 操作做了包裝，方便程式設計以及切換底層驅動。

10.1 Session 和 Cookie 區別

10.1.1 Session

Session 稱為階段資訊，位於 Web 伺服器上，主要負責存取者與網站之間的互動。當造訪瀏覽器請求 http 位址時，將傳遞到 Web 伺服器上並與造訪資訊進行比對。當關閉網站（關閉 Web 伺服器）時就表示階段已經結束，網站無法存取該資訊了，所以它無法儲存永久資料，我們也就無法存取 Session 階段資訊了。

10.1.2 Cookie

位於使用者的電腦上,用來維護使用者電腦中的資訊,直到使用者刪除。例如我們在網頁上登入某個軟體時輸入使用者名稱及密碼,這些資訊儲存為 Cookie,那麼每次我們造訪的時候就不需要登入網站了。

10.2 Session 設定

Session 可以基於應用設定檔來設定,範例程式如下:

```
'session' => [
  'prefix' => 'think',
  'type' => '',
  'auto_start' => true
]
```

10.3 Session 操作

ThinkPHP 5 推薦開發者使用 \think\Session 來操作 Session,方便和框架組成。此外,\think\Session 還提供了 scope 功能,可以分組管理 Session。Session 操作實例如下:

```
Session::set('name','data');          // 寫入預設 scope
Session::set('name','data','user');   // 寫入 user scope
Session::has('name');                 // 判斷預設 scope 是否寫入
Session::has('name','user');          // 判斷 user scope 是否寫入
Session::get('name');                 // 讀取預設 scope 的 name 值
Session::get('name','user');          // 讀取 user scope 的 name 值
```

```
Session::delete('name');              // 刪除預設 scope 的 name
Session::delete('name','user');       // 刪除 user scope 的 name
// 讀取預設 scope 的 session 值並刪除 session 中的該值,傳回讀取的值
Session::pull('name');
// 讀取 user scope 的 session 值並刪除 session 中的該值,傳回讀取的值
Session::pull('name','user');
Session::clear();                     // 清空預設 scope 的 session
Session::clear('user');               // 清空 user scope 的 session
```

10.4 Cookie 設定

Cookie 基於 \think\Cookie 來操作,同樣可以應用設定來進行,範例程式如下:

```
'cookie'=> [
// cookie 名稱首
'prefix'    => '',
// cookie 儲存時間
'expire'    => 0,
// cookie 儲存路徑
'path'      => '/',
// cookie 有效域名
'domain'    => '',
//  cookie 啟用安全傳輸
'secure'    => false,
// httponly 設定
'httponly'  => '',
// 是否使用 setcookie
'setcookie' => true,
]
```

10.5 Cookie 操作

Cookie 操作範例程式如下：

```
Cookie::set('key','val',3600*24);
// 設定 cookie 字首
Cookie::set('key','val',['prefix'=>'demo_','expire'=>3600*24]);
Cookie::set('funcs',[1,2,3]);        // cookie 值可以設定為陣列
Cookie::get('name','demo_');         // 讀取 demo_ 字首的 name cookie
Cookie::has('name');                 // 判斷 name cookie 是否存在
Cookie::has('name','demo_');         // 判斷 demo_ 字首的 name cookie 是否存在
Cookie::delete('name','demo_');      // 刪除 demo_ 字首的 name cookie
Cookie::clear('demo_');              // 清空 demo_ 字首的 cookie
```

命令列應用

Ｗeb 應用在執行時期會有執行時長的限制，但是實際開發中有些工作耗時比較長，甚至是常駐記憶體的，這時只能使用 cli 方式執行 PHP 指令稿，也就是常說的命令列應用。

開發一個完整的命令列應用流程如下：

（1）編輯 application/command.php，註冊自訂指令類別：

```php
<?php
return [
  'app\index\command\HelloWorld'
];
```

（2）新增 app\index\command\HelloWorld 類別，程式如下：

```php
<?php
namespace app\index\command;
```

```
use think\console\Command;
use think\console\Input;
use think\console\Output;

class HelloWorld extends Command {
  protected function configure() {
     $this->setName('hello-world')->setDescription('this is the hello world
command!');
  }
protected function execute(Input $input, Output $output) {
     $this->writeln('Hello World!');
  }
}
```

（3）在專案目錄下執行 php think hello-world。

（4）主控台輸出 "this is the hello world command!"。

本章節的範例非常簡單，指令稿一旦出現錯誤，處理程序就會終止，所以需要配合處理程序監控工具才能使用到生產環境。筆者常用的處理程序監控工具有：

- supervisor
- pm2
- 讀者可以分別下載下來，安裝使用一下。

開發偵錯

任何軟體都會存在 BUG，如果説沒有 BUG，那只能説「暫時未發現」。以筆者的工作經驗來看，著名的「二八法則」在開發中也適用，基本是 20% 時間做開發、80% 時間修復 BUG 和最佳化程式。

提到修復 BUG，很重要的一環就是「重現 BUG」，只有重現才能知道哪一步出問題、出了什麼問題，以及什麼程式出的問題。

ThinkPHP 5 提供了偵錯模式執行應用。偵錯模式的好處有以下幾點：

- 錯誤和例外資訊會記錄呼叫堆疊，頁面中也會顯示詳細錯誤，方便回溯。非偵錯模式看不到實際錯誤，也看不到詳細呼叫堆疊，這是架構為了確保我們的伺服器安全，否則會洩露伺服器部署目錄、系統類型、伺服器軟體等敏感資訊，容易被駭客入侵。

- 正常執行情況下會完整記錄從進入入口檔案到輸出回應的整個過程，方便我們針對耗時過程進行針對性最佳化。

- 會記錄詳細的 SQL 敘述（最後發往資料庫伺服器），而非一個前置處理語法，有些時候特定資料才會導致問題。

但是啟用這種模式也有一個比較明顯的缺點：應用速度變慢了，這是因為偵錯模式執行的情況下，設定、範本等每次都需要編譯，所以耗費時間，不過為了確保應用穩定，這點犧牲是值得的。

特別注意：不要在生產環境開啟偵錯模式！

12.1 偵錯模式的開啟和關閉

ThinkPHP 5 透過應用設定來開啟或關閉偵錯模式，設定項目的名稱為 app_debug，值為布林值。以下範例程式是一個有效的設定：

```
'app_debug' => true
```

值得一提的是，雖然 ThinkPHP 5 非偵錯模式下預設不顯示實際錯誤訊息，但是如果某些場景下需要顯示時可以設定 show_error_msg，範例程式如下：

```
'show_error_msg' => true
```

12.2 變數偵錯

由於 PHP 是弱類型語言，因此有些變數的類型在執行過程中是不可確定的。雖然 PHP 附帶了 var_dump 函數，但是排版不怎麼美觀，而且也不能像 print_r 那樣可以透過參數來控制是列印還是傳回給呼叫者。基於此，ThinkPHP 提供了 dump 函數。dump 函數在 ThinkPHP 3.2 中也存在，原型如下：

```
dump($var, $print = true)
```

- $var 為待偵錯變數。
- $print 為是否輸出，傳入 true 就直接輸出，傳入 false 就作為函數傳回值傳回。

有了該函數，我們可以透過 dump+ 埋點的形式進行變數偵錯，例如：

```
$order = new Order();
$order->data($data);
$order->save();
Logger::log(dump($order, false));
```

這時就會將訂單記錄到記錄檔系統（Logger 不是 ThinkPHP 5 的，本程式只是示範 dump 函數傳回值）。

12.3 執行流程

dump 偵錯只適用於比較短的程式，因為是針對變數等級的，一個變數宣告週期不會太長，所以 dump 對整個工程的偵錯與最佳化來說顯得力不從心。好在 ThinkPHP 提供了詳細的執行記錄，會詳細記錄頁面從存取到輸出結果的一系列操作，包含請求時長、載入檔案清單、執行流程 /時長、SQL 敘述等資訊。

開啟執行流程偵錯也非常方便，依舊是基於應用設定操作，範例程式如下：

```
'app_trace' => true,
'trace' => [
  'typc' => 'html', // 也支援 console
],
'trace_tabs' => [
  'base' => '概要',
  'file' => '檔案',
  'info' => '系統執行流程',
  'error|info' => '錯誤 && 資訊',
  'sql' => 'SQL'
]
```

type 為 html 時，ThinkPHP 將在頁面右下角懸浮一個圖示。

type 為 console 時，會將偵錯記錄檔列印在瀏覽器主控台上（現代瀏覽器均支援，如火狐、Google 等）。

trace_tabs 為資訊分組，在 html 模式下點擊右下角的懸浮圖示，會展開一個帶有標籤頁的浮層，該標籤頁設定如上程式所示，如果不設定就使用預設標籤頁。

12.4 效能偵錯

類似瀏覽器端的 console.time 和 console.timeEnd，ThinkPHP 5 也提供了方法讓我們知道一段程式的實際執行時長。上面的內容中提到的執行流程也包含了時間，但是那個維度有點大，本節可以真正精確到某一行程式的執行時長和記憶體佔用！

Profile 偵錯使用架構提供的 debug 函數進行，debug 的原型如下：

```
debug ( 開始標記，結束標記，時間或記憶體 ):mixed
```

開始標記和結束標記為不同的字串，時間或記憶體參數的傳值標準如下：

- 傳入數字：傳回執行時長，傳入的數字為小數點位數，當你傳入 4 時，系統傳回精確到小數點後 4 位元的秒數。
- 傳入 m：傳回執行記憶體，單位為 KB，m 實際上是 memory 的縮寫。

12.5 異常

12.5.1 異常設定

任何系統都不能保障應用在執行期間的 100% 穩定，但是某些問題是可以預知到的，透過異常機制來提供一個發生異常的「回覆」機制，保障開發者可以記錄現場、進行人性化提示等。

ThinkPHP 5 將錯誤和警告也歸類為異常，這樣可以以統一機制處理這裡的問題。如果需要調整錯誤報告等級，就需要透過 PHP 附帶的 error_reporting 函數完成。error_reporting 不報告錯誤了，ThinkPHP 5 自然也就不會拋出異常。例如我們只需要報告錯誤，忽略警告之類的資訊，可以在設定檔的開始行使用以下程式：

```
error_reporting(E_ALL);
```

12.5.2 異常處理器

發生異常時，ThinkPHP 5 會繪製一個附帶的錯誤頁。至於是否顯示詳細錯誤訊息，取決於是否處理偵錯模式以及是否設定 show_error_msg。該處理邏輯可以自訂，也就是説你可以取代掉架構附帶的處理邏輯，這也是一個進步。ThinkPHP 3 只允許自訂錯誤頁面的範本，而不能取代處理邏輯。

異常處理器也是以應用設定來實現為基礎的，設定範例程式如下：

```
'exception_handle' => 'app\\common\\ExceptionHandler'
```

處理器程式：

```
namespace app\common;

use think\exception\Handle;
use Exception;

class ExceptionHandler extends Handle {

  public function render(Exception $e)
  {
// 範例程式，DatabaseException 為資料庫異常，本例未寫出實際命名空間
     if($e instanceof DatabaseException) {
         // 防止資料庫錯誤，同時也可以提供一個自訂的錯誤，方便收集到客
         // 戶端回饋後知道這是一個資料庫錯誤
         return json(' 系統內部錯誤 (E01)', 500);
}
return parent::render($e);
  }
}
```

任何異常處理器都需要繼承 ThinkPHP 的 think\exception\Handle 類別。

12.6 異常拋出

系統出錯會拋出異常，業務邏輯錯誤也可以拋出異常。例如我們定義一個 app\common\UserException 繼承自 think\Exception 來做應用的業務異常類別，再在 UserException 定義錯誤常數，這是開發中筆者比較推薦的一種方式，可以做到錯誤統一管理。

拋出異常程式就是 PHP 標準的程式，只不過異常類別不是 PHP 的 Exception，範例程式如下：

```
throw new \think\Exception(' 使用者名稱或密碼錯誤 ', 0x001);
throw new UserException(' 使用者名稱或密碼錯誤 ', UserExcetion::ERR_INVALID_ACCOUNT);
```

該程式拋出的異常預設為 500 狀態碼，可以透過自訂異常處理器來處理。為了解決這個問題，ThinkPHP 5 還提供了拋出原始 HTTP 異常的異常類別，範例程式如下：

```
throw new \think\exception\HttpException(405,' 請求方法不支援，只支援 POST 方法 ');
```

伺服器部署

透過前面內容的學習之後，從本章開始，所有內容都將是實戰，內
容的組織還是由簡單到複雜、由淺入深。

本章內容是應用執行在伺服器必備的一項技能，由於線上伺服器基本用
的都是 Linux 系統，因此本章將以 Ubuntu 伺服器為例進行部署（這裡，
筆者使用了阿里雲 ECS Ubuntu 18.04 系統）。

13.1 apt-get 常用指令

apt-get 是 Ubuntu 附帶套件管理員，用來幫我們安裝、升級、移除軟體
套件。apt-get 常用指令如表 13-1 所示。

表 13-1 apt-get 常用指令

命令名稱	指令說明
apt-get update	更新軟體套件索引
apt-get upgrade	升級伺服器軟體套件
apt-get install \<package\>	安裝指定軟體套件
apt-get remove \<package\>	移除指定軟體套件
apt-get autoremove	自動移除未使用軟體套件
apt-cache search \<package\>	尋找軟體套件
apt-cache show php	顯示軟體套件資訊

13.2 安裝步驟

（1）apt-get update。

（2）apt-get install php php-fpm php-mysql php-common php-curl php-mysql php-cli php-mbstring -y。

（3）apt-get install mysql-server mysql-client -y。

（4）apt-get install nginx -y。

上述軟體套件安裝後，會自動啟動對應的服務。

13.3 設定檔路徑

■ /etc/php php：設定檔目錄。

■ /etc/nginx nginx：設定檔目錄。

■ /etc/mysql/mysql.conf.d MySQL：設定檔目錄。

13.4 服務管理指令

- service php-fpm restart/start/stop/reload：重新啟動 / 啟動 / 停止 / 熱載入 PHP。
- service nginx restart/start/stop/reload：重新啟動 / 啟動 / 停止 / 熱載入 Nginx。
- service mysql restart/start/stop：重新啟動 / 啟動 / 停止 MySQL。

13.5 設定預設網站

（1）開啟 Nginx 預設網站設定檔 /etc/nginx/sites-available/default。

```
server {
listen 80 default_server;
listen [::]:80 default_server;
root /var/www/default; # web 目錄
index index.html index.htm index.php; # 預設首頁

server_name _;
access_log /var/log/nginx/default.log; # 存取記錄檔
location / {
        try_files $uri $uri/ =404;
}

# pass PHP scripts to FastCGI server
#
location ~ \.php$ {
        include snippets/fastcgi-php.conf;
        fastcgi_pass unix:/var/run/php/php7.2-fpm.sock;
```

```
    }
}
```

（2）開啟 PHP 設定檔 /etc/php/7.2/fpm/pool.d/www.conf。

```
[www]
user = www-data       # 執行使用者預設即可
group = www-data      # 執行使用者群組預設即可
# 監聽位址，需要和 nginx fast_cgi 設定一致
listen = /run/php/php7.2-fpm.sock
```

（3）執行指令 service nginx restart。

（4）執行指令 service php-fpm restart。

（5）造訪 http:// 伺服器 IP，即可開啟管理介面。

資料庫設計

我們開發的應用幾乎都是資料庫應用，透過資料庫提供的 API 來對資料進行增刪查改。其中，如何設計一個合理可行的資料庫表結構是非常重要的。

14.1 設計原則

關聯式資料庫理論中的範式一般只用來做參考，很少有直接強制按照範式建函數庫的，因為生產環境下需要考慮效能。資料庫設計中兩個比較重要的原則就是需求和效能。需求排第一位，資料庫是為了需求服務的，如果資料庫結構不能實現需求，那麼再完美的設計也是沒有任何意義的；效能排第二位是為了使用者體驗，效能良好的資料庫系統能夠在很短的時間內傳回操作結果，減少使用者等待，否則會長時間阻塞，相當大地降低使用者體驗。

14.2 設計工具

「工欲善其事,必先利其器」。在正式進行資料庫設計之前,需要介紹一下我們使用的建模工具。

由於本書開發平台資料庫部分是 MySQL,因此本章使用 MySQL 公司出品的 MySQL Workbench 做資料庫設計工具。MySQL Workbench 的下載網址如下:

```
https://dev.mysql.com/downloads/workbench/
```

開啟 MySQL Workbench,可以看到如圖 14-1 所示的介面。

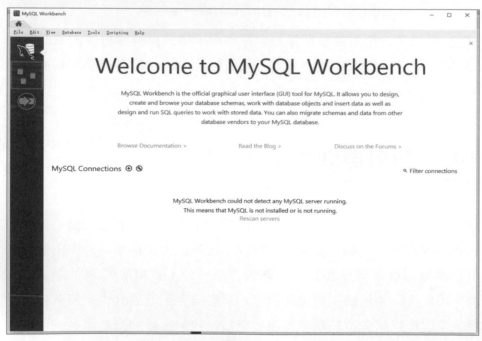

圖 14-1

點擊左側第二個選單進入模型設計子介面,如圖 14-2 所示。

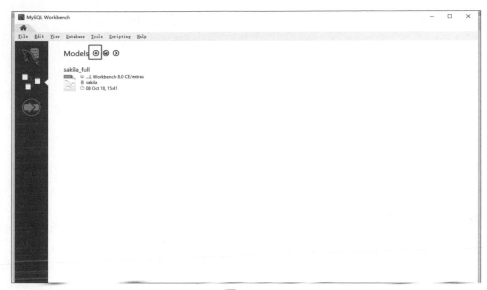

圖 14-2

點擊加號開啟建模介面，如圖 14-3 所示。

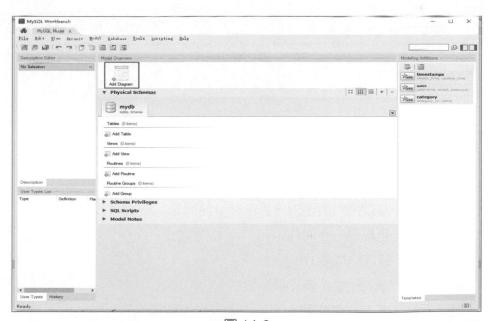

圖 14-3

雙擊圖 14-3 紅框所示的按鈕進入設計主介面，如圖 14-4 所示。

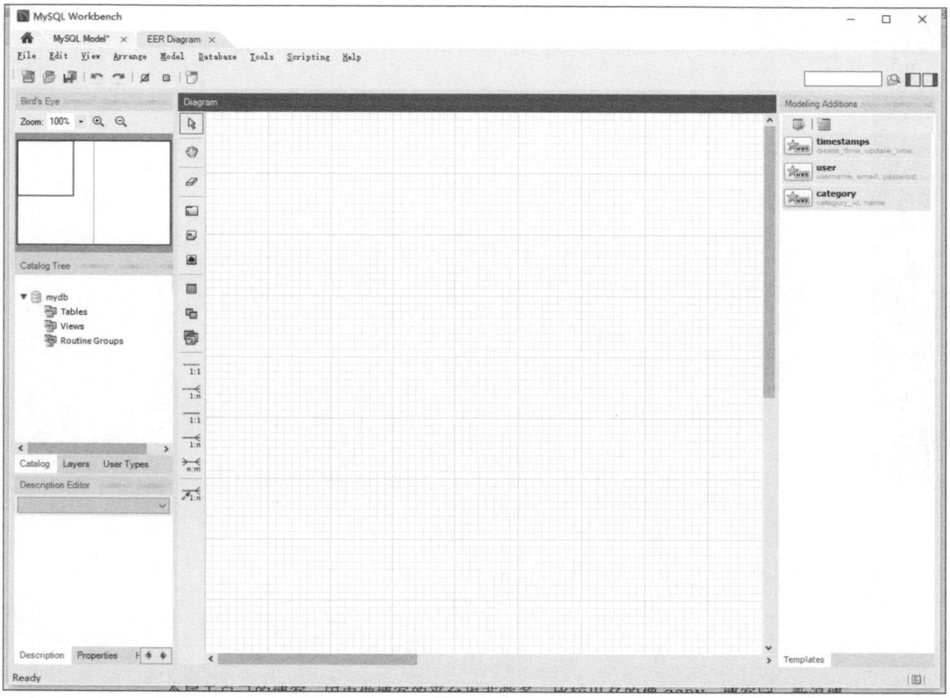

圖 14-4

中間有一排小圖示，依次是：

- 選擇工具：可以選擇表、鍵等。
- 畫布移動工具。
- 擦拭工具：可以刪除表、鍵等。
- 區域工具：可以將有關係的一組表格分隔開來，便於檢視模組。
- 筆記工具：可以寫一些備註。
- 圖片工具：插入一張圖片。
- 表格工具：插入一張新表（最重要的）。
- 視圖工具：插入一個視圖。

- 路由組：插入一個路由組。
- 一對一非標識關係：將兩個資料表進行一對一連結。
- 一對多非標識關係：將兩個資料表進行一對多連結。
- 一對一標識關係。
- 一對多標識關係。
- 多對多標識關係：透過中間表將兩個資料表進行多對多連結。
- 使用已有欄位進行一對多連結。

標識關係：父表的主鍵成為子表主鍵的一部分，以標識子表，即子表的標識依賴於父表。例如使用者資料表和使用者表就是標識關係，子表使用者資料表的標識是使用者 ID，依賴於使用者表的使用者 ID。

非標識關係：父表的主鍵成為子表的一部分，不標識子表，即子表的標識不依賴於父表。大部分的外鍵都屬於此種關係。

工作區存在很多英文，這裡透過圖片來說明。點擊表格工具插入一個新資料表，工作區下方的選項和選單如圖 14-5 所示。

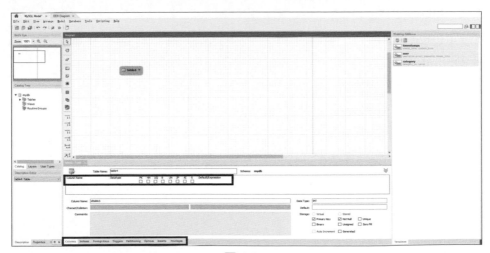

圖 14-5

中間粗框部分內容說明如下：

- Column Name：欄位名稱。
- DataType：資料類型。
- PK：主鍵。
- NN：Not Null。
- UQ：Unique Key，唯一鍵。
- B：Binary，宣告為二進位資料欄位。
- UN：UnSigned，無號數。
- ZF：Zero Fill，零填充。
- AI：Auto Increment，自動增加。
- Default/Express：預設值。

底部粗框部分說明如下：

- Columns：欄位清單。
- Indexes：索引清單。
- ForeignKeys：外檢。
- Partition：分區。
- Options：選項。
- Inserts：插入資料庫。
- Privileges：許可權。

設計完資料表自有欄位後，透過連結工具可以非常方便地建立連結關係，如圖 14-6 所示。

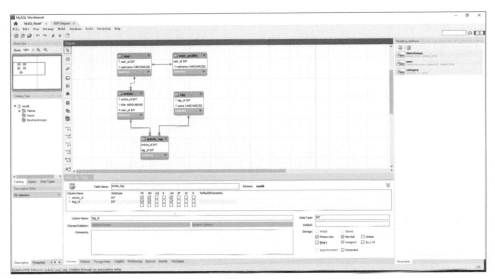

圖 14-8

- 使用者和使用者資料為一對一標識關係，使用者資料屬於使用者表，每個使用者最多一份資料
- 使用者和文章為一對多非標識關係，文章屬於使用者，但不是依賴，哪怕使用者被刪除，文章也可以存取，只不過查不到發表文章的作者實際資訊。
- 文章和標籤之間為多對多關係，所以需要透過中間表來處理。

資料庫建模完成之後需要匯出 SQL，最後匯入到我們的資料庫中。需要注意的是，預設的資料庫名為 "mydb"，可以在圖 14-7 所示的粗框處利用右鍵修改資料庫名稱。

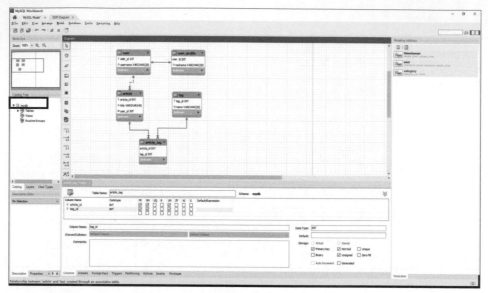

圖 14-7

透過功能表列 File → Export → Forward Engineer SQL CREATE script 依
據精靈匯出 SQL，最後匯入資料庫即可。

多人部落格系統開發

經過系統的學習，相信各位讀者對於 ThinkPHP 5 架構已經非常熟悉了，如果對於某些內容仍有疑問，可以回看前面的內容以及對應的範例程式或前往讀者群提問。

從本章開始，我們將進入下一階段的學習。這個階段是本書的精華，也是各位讀者能夠跟著筆者從零開始設計並開發一個專案的機會。

15.1 專案目的

說到部落格系統，各位讀者應該都不陌生。不管是不是網際網路 / 電腦相關業界的人，基本都會有一個屬於自己的部落格。部落格的平台非常多，比較出名的像 CSDN、部落格園、新浪部落格等，對只想產出內容而不需要維護的使用者來說，這種平台確實很方便，但是有一個缺點，就是我們無法對其客製化。只有我們開發出來的部落格,才能夠按照自己的意願來實現想要的功能,例如開發一個獎勵模組給那些評論 / 轉發活躍的讀者。

當然最基本的部落格功能我們還是要有的,這也是一個記錄日常工作和生活的平台。

15.2 需求分析

任何專案都離不開需求分析這一步,而且筆者認為需求分析是軟體開發流程中最為重要的一部分,只有需求了解透徹才能夠保障最後發佈的產品能夠滿足需求方的需要,否則開發出來的東西是沒有意義的。所以本章將以「由淺入深」的方式來做部落格系統的需求分析。

- 部落格最重要的功能應該是文章發佈功能,再結合現在的社交玩法,文章發佈出來應該是可以被分享、評論、按讚的。
- 提到文章的發佈,就可以知道文章編輯、置頂、排序功能。
- 文章比較多的時候需要分類管理文章,就像我們的書本需要目錄一樣。
- 寫文章的目的在於記錄生活、分享生活,那麼如何讓你的部落格被別人知道呢?現在一般就是分享,這裡可以連線一個協力廠商分享。
- 最後要說的是統計相關功能,我們需要清楚地知道哪篇文章比較熱門、哪種話題比較熱門,以此來推出相關內容獲得較高的存取率。

部落格系統的需求大致是這些了,如果需要增加其他需求,也可以自行列出來,以便後續的功能分析。

15.3 功能分析

依照上文的需求分析可以得出需要的功能清單：

- 使用者模組：使用者登入、修改密碼、退出登入。
- 文章模組：文章發佈、編輯、刪除、檢視、列表、置頂、排序、分類管理。
- 社交模組：按讚、取消按讚、發佈評論、刪除評論、評論列表、檢視評論、分享。
- 外部模組：連線協力廠商統計功能。

15.4 資料庫設計

經過功能分析之後可以獲得功能模組，接下來就是比較重要的資料庫設計了。資料庫設計合理的話，程式開發功能會變得很輕鬆。此外，系統也具有較大的擴充性。我們無法保障程式是一成不變的，需求在變，程式就需要跟著改變。雖然程式可以很方便地改變甚至重新開發，但是資料庫不行，資料庫存在舊資料，在升級程式的時候需要保留。

依照上文中的功能分析，可以大致知道有哪些必需欄位。例如發表文章需要文章 ID、標題、內容、發表時間；文章置頂就需要一個標記欄位來標記置頂；文章排序就需要一個排序欄位；文章分類就需要一個所屬分類 ID。其他功能模組欄位的確定也是類似的方法。希望各位讀者能在日常工作中學會使用到該方法去設計資料庫，當你熟練之後可以採取標準建模方法來進一步規劃和設計一個合理的資料庫。總之，功能清單中有的功能基本都需要有一個或多個欄位和資料表對應。

15.4.1 資料表模型圖

資料表關係透過 MySQL Workbench 已經建立完畢,建立依據來自功能分析,最後關係如圖 15-1 所示。

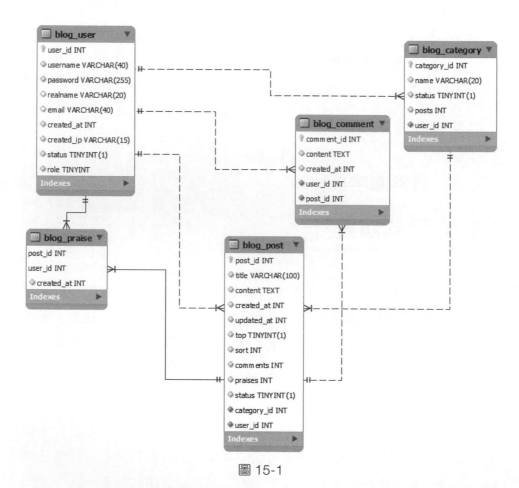

圖 15-1

15.4.2 資料庫關係說明

■ 每個使用者可以發表多篇文章,而一篇文章只會有一個發行者,所以使用者和文章是一對多關聯性。

■ 每個使用者可以對多篇文章進行按讚和取消按讚，每篇文章可以有多個按讚，但是每個使用者和每篇文章最多有一筆按讚記錄，所以使用者和按讚是多對多標識連結。

■ 每個使用者可以對多篇文章進行評論，每篇文章同樣可以有多條評論，不同的是，每個使用者和每篇文章的評論數是沒有上限的（理論上，排除軟體和硬體限制），所以評論需要有一個獨立主鍵，透過非標識關係連結。

■ 文章分類與文章評論類似，也需要透過非標識關係連結。

15.4.3 資料庫字典

資料欄位說明可以參看 14 章的相關內容，各表說明如表 15-1~ 表 15-5 所示。

表 15-1 blog_user（使用者表）

欄位名稱	資料類型	說明	屬性
user_id	int	使用者 ID	PK/NN/UN/AI
username	varchar(40)	帳號	NN/UQ
password	varchar(255)	密碼	NN
realname	varchar(20)	姓名	
email	varchar(40)	電子郵件	
created_at	int	註冊時間	NN/UN
created_ip	varchar(15)	註冊 IP	NN
status	tinyint(1)	狀態	NN/ 預設值 1
role	tinyint(1)	角色	NN/ 預設值 1

表 15-2 blog_category（分類表）

欄位名稱	資料類型	說明	屬性
category_id	int	分類 ID	PK/NN/UN/AI
name	varchar(20)	分類名稱	NN
status	tinyint(1)	狀態	NN/ 預設值 1
posts	int	文章數	NN/ 預設值 0
user_id	int	使用者 ID	NN/UN

表 15-3 blog_post（文章表）

欄位名稱	資料類型	說明	屬性
post_id	int	文章 ID	PK/NN/UN/AI
title	varchar(100)	文章標題	NN
content	text	文章內容	NN
created_at	int	發表時間	NN/UN
updated_at	int	編輯時間	NN/ 預設值 0
top	tinyint(1)	置頂標記	NN/ 預設值 0
sort	int	排序	NN/ 預設值 0
comments	int	評論數	NN/ 預設值 0
praises	int	按讚數	NN/ 預設值 0
status	tinyint(1)	狀態	NN/ 預設值 1
category_id	int	分類 ID	NN/UN
user_id	int	使用者 ID	NN/UN

表 15-4　blog_comment（評論表）

欄位名稱	資料類型	說明	屬性
comment_id	int	評論 ID	PK/NN/UN/AI
content	text	評論內容	NN
created_at	int	評論時間	NN
user_id	int	使用者 ID	NN/UN
post_id	int	文章 ID	NN/UN

表 15-5　blog_praise（按讚表）

欄位說明	資料類型	說明	屬性
post_id	int	文章 ID	PK/NN/UN
user_id	int	使用者 ID	PK/NN/UN
created_at	int	按讚時間	NN

15.5 模組設計

依據前文的功能分析可知系統分為網站前台、使用者管理端。系統模組結構，如圖 15-2 所示。

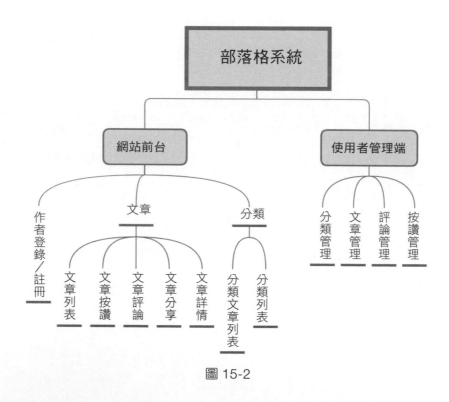

圖 15-2

15.5.1 網站前台

1 程式架構

顧名思義，網站前台就是用來檢視文章以及進行社交操作（按讚 / 評論）的。網站前台的功能主要以展示為主，模組檔案如圖 15-3 所示。

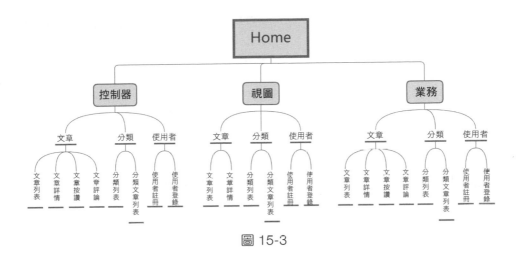

圖 15-3

架構說明：

- 模型層建議放到 Common 模組中，這樣模型層可以共用。
- 建議業務程式單獨放一層，可以加強程式重複使用率以及程式隔離，防止修改業務程式導致控制器出現問題。

2 核心業務流程

一般的查詢和顯示功能的實現在本文不做贅述，請大家下載書附原始程式檢視，這裡主要說明本模組比較重要的業務流程。

在日常開發中，業務流程是非常重要的，只有明白業務流程才能寫出滿足需求的程式。本模組比較重要的業務流程如下：

- 使用者入駐：檢測入駐設定→顯示入駐表單→填寫表單→檢測 username →寫入 user 表→使用者正常登入。
- 按讚：檢測文章存在→檢測按讚記錄→寫入按讚記錄→文章按讚數 +1。

- 評論：檢測文章存在→檢測評論間隔→寫入評論記錄→文章評論數 +1 →寫入評論間隔快取。

3 視圖

視圖層採用 ThinkPHP 引擎開發，可以使用範本版面配置來加強程式重複使用度以及統一度。

視圖 UI 採用業界比較熱門的開放原始碼 CSS 架構——Bootstrap。該架構上手簡單，提供了很多開箱即用的元件，適合初學者使用。

Boostrap 官網：https://getbootstrap.com。

Boostrap 效果如圖 15-4 所示。

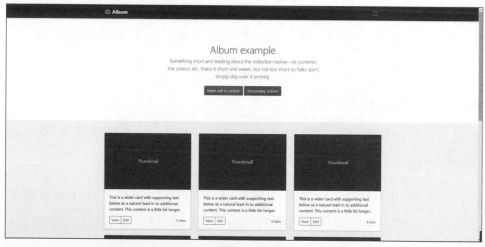

圖 15-4

看到這個效果是不是覺得很贊呢？一股簡潔風撲面而來！值得慶幸的是，你不需要寫 CSS 程式就可以獲得這個效果，快去看看吧！

15.5.2 使用者管理端

使用者管理端主要是文章、分類、評論、按讚管理，程式架構如圖 15-5 所示。

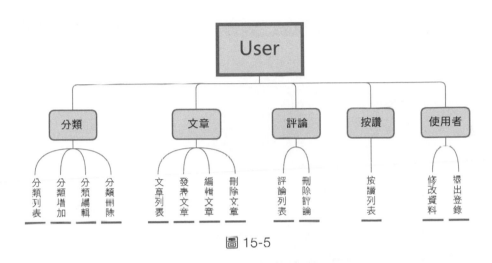

圖 15-5

由於程式架構和 Home 模組類似，因此這裡不再進行分層，但是實際開發中程式是分層結構。

需要注意的是，評論功能需要列出【我發出的評論】和【我發表文章收到的評論】，按讚也是類似的。這樣可以方便後期擴充好友系統之類的，因為部落格的互動都是實名制，有歷史評論和按讚資料在這裡。

4 核心業務流程

- 許可權問題：在設計 user 表的時候有 role 欄位，透過該欄位來標識使用者是管理員還是普通使用者。當普通使用者存取 Admin 模組時需要攔截以防止越權存取。
- 文章刪除：文章刪除後需要更新分類資訊以及刪除對應的按讚 / 評論。

15.6 效果展示

最後效果展示如圖 15-6 ～圖 15-17 所示。

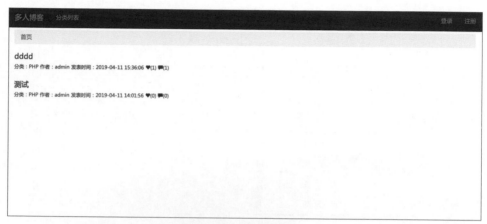

圖 15-6（網站首頁）

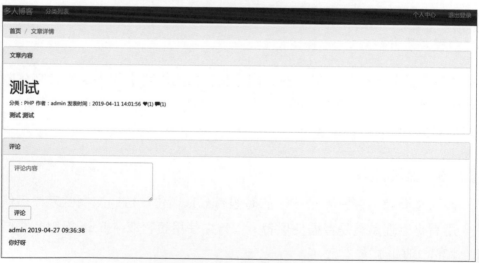

圖 15-7（文章詳情頁）

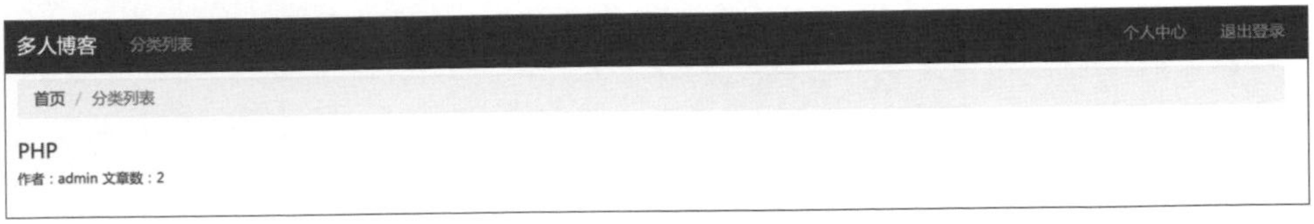

圖 15-8（分類列表）

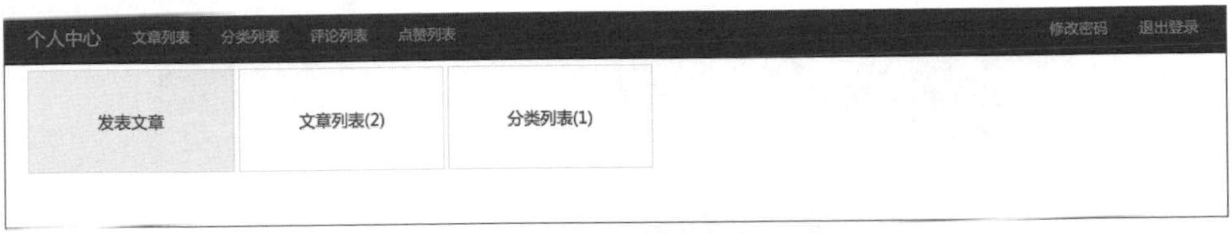

圖 15-9（個人中心）

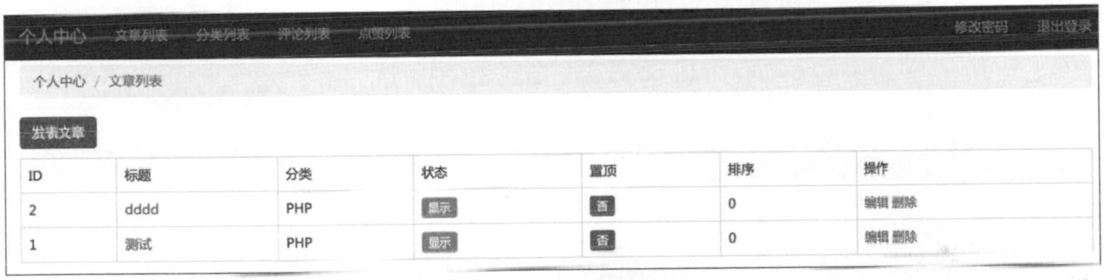

圖 15-10（文章管理）

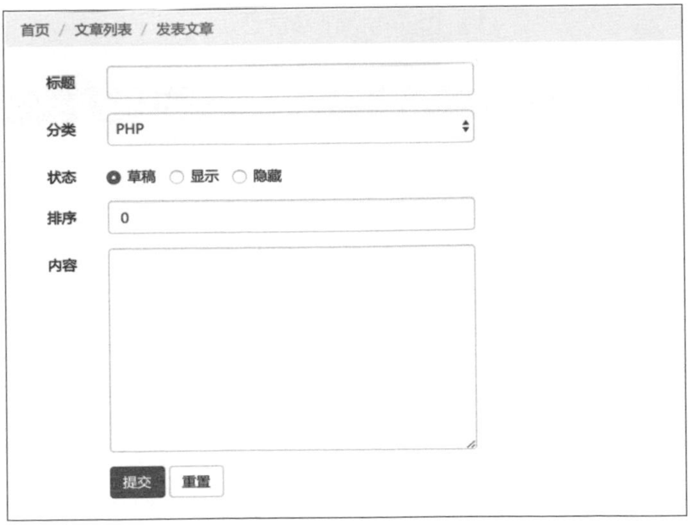

圖 15-11（發佈文章）

圖 15-12（分類管理）

圖 15-13（增加分類）

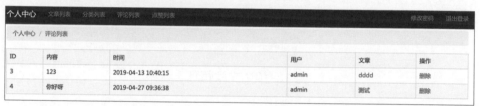

圖 15-14（評論管理）

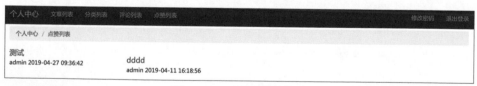

圖 15-15（按讚管理）

圖 15-16（使用者註冊）

圖 15-17（使用者登入）

15.7 程式範例

15.7.1 使用者註冊

■ application/index/controller/User.php

```
public function signup()
{
  $this->assign('title', '使用者註冊');
  return $this->fetch();
}


public function do_signup(Request $request)
{
  $validator = new Validate([
```

```
    'captcha' => 'require|captcha',
    'username' => 'require|alphaNum|max:40',
    'password' => 'require',
]);
if (!$validator->check($request->post())) {
    $this->error($validator->getError());
}
try {
    $username = $request->post('username');
    $password = $request->post('password');
    if (!$this->service->signup($username, $password))    {
        $this->error(' 註冊失敗 ');
    }
    $this->success(' 註冊成功 !', 'signin');
    } catch (Exception $e) {
        $this->error($e->getMessage());
    }
}
```

■ application/common/service/UserService.php

```
public function signup($username, $password)
{
    // 檢查帳號是否存在
    $user = User::get(['username' => $username]);
    if (!empty($user)) {
        throw new Exception(' 使用者名稱已存在 ');
    }
    $password = password_hash($password, PASSWORD_DEFAULT);
    $user = new User();
    $user->data(['username' => $username, 'password' => $password]);

    return $user->save();
}
```

15.7.2 使用者登入

■ application/index/controller/User.php

```php
public function signin()
{
  $this->assign('title', ' 使用者登入 ');
  return $this->fetch();
}


public function do_signin(Request $request)
{
  $validator = new Validate([
      'username' => 'require|alphaNum|max:40',
      'password' => 'require',
  ]);
  if (!$validator->check($request->post())) {
      $this->error($validator->getError());
  }
  try {
      $username = $request->post('username');
      $password = $request->post('password');
      $this->service->signin($username, $password);
      $this->success(' 登入成功 !', '/user');
  } catch (Exception $e) {
      $this->error($e->getMessage());
  }
}
```

■ application/index/service/UserService.php

```php
public function signin($username, $password)
{
  $user = User::get(['username' => $username]);
```

```php
if (empty($user) || !password_verify($password, $user->password))
{
    throw new Exception(' 使用者名稱或密碼錯誤 ');
}
session(self::SESSION_KEY, $user);
return $user;
}
```

15.7.3 文章詳情

■ application/index/controller/Post.php

```php
public function show(Request $request)
{
  $id = $request->param('id');
  if (empty($id)) {
    $this->error(' 您的請求有誤 ');
  }
  $post = $this->postService->show($id, $this->userId());
  $comment_list = $this->commentService->all($id);

  $this->assign('login_url', url('user/signin'));
  $this->assign('post', $post);
  $this->assign('comment_list', $comment_list);
  return $this->fetch();
}
```

■ application/index/service/PostService.php

```php
public function show($id, $userId = 0)
{
  $model = new Post();
  /** @var Post $data */
  $data = $model->where('post_id', $id)->where('status', Post::STATUS_
```

```
VISIBLE)->with(['user', 'category'])->find();
  if (empty($data)) {
    throw new Exception(' 文章不存在 ');
  }
  if (empty($userId) && $data->status != Post::STATUS_VISIBLE)
  {
    throw new Exception(' 文章不存在 ');
  }
  return $data;
}
```

■ application/index/view/post/show.html

```html
<div class="post-show">
<ol class="breadcrumb">
<li><a href="{:url('/')}"> 首頁 </a></li>
<li class="active"> 文章詳情 </li>
</ol>
<div class="panel panel-default">
<div class="panel-heading"> 文章內容 </div>
<div class="panel-body">
<h1>{$post.title}</h1>
<p>
<small> 分類：<a href="{:url('',['category_id'=>$post['category_id']])}">
{$post.category.name}</a></small>
<small> 作者：{$post.user.username}</small>
<small> 發表時間：{$post.created_at}</small>
<small>
<a href="{:url('post/praise',['id'=>$post['post_id']])}"><i class=
"glyphicon glyphicon-heart"></i>({$post.praise_count})</a>
</small>
<small><i class="glyphicon glyphicon-comment"></i>({$post.comment_count})
</small>
```

```
</p>
<p>{$post.content}</p>
</div>
</div>
<!-- 評論 -->
<div class="panel panel-default">
<div class="panel-heading"> 評論 </div>
<div class="panel-body">
<empty name="Think.session.user">
<a href="{$login_url}"> 登入 </a> 後可以評論文章。
<else/>
<form action="{:url('post/comment',['id'=>$post['post_id']])}" method="post"
class="form-horizontal">
<div class="form-group">
<div class="col-md-4">
<textarea placeholder=" 評論內容 " name="content" class="form-control"
required rows="4"></textarea>
</div>
</div>
<div class="form-group">
<div class="col-md-4">
<button type="submit" class="btn btn-default"> 評論 </button>
</div>
</div>
</form>
<volist name="comment_list" id="comment">
<div class="media">
<div class="media-body">
<p>{$comment.user.username} {$comment.created_at}</p>
<p>{$comment.content}</p>
</div>
```

```
</div>
</volist>
</empty>
</div>
</div>
</div>
```

15.7.4 發表文章

■ application/user/controller/Post.php

```php
public function publish()
{
  $categories = $this->categoryService->all($this->userId(), \app\common\
model\Category::STATUS_VISIBLE);
  $this->assign('categories', $categories);
  return $this->fetch();
}


public function do_publish(Request $request)
{
  $validator = new Validate([
    'title' => 'require|max:100',
    'content' => 'require',
    'category_id' => 'require'
  ]);
  if (!$validator->check($request->post())) {
    $this->error($validator->getError());
  }
  $this->postService->publish($this->userId(), $request->post());
  $this->success(' 儲存成功 ', 'index');
}
```

■ application/user/service/PostService.php

```php
public function publish($userId, array $data)
{
  Db::transaction(function () use ($userId, $data) {
    $category = Category::get([
        'user_id' => $userId,
        'category_id' => $data['category_id'],
    ]);
    if (empty($category)) {
        throw new Exception(' 分類不存在 ');
    }
    $category->posts++;
    if (!$category->save()) {
        throw new Exception(' 發表失敗 ');
    }

    $post = new Post();
    $data['user_id'] = $userId;
    $post->data($data);
    if (!$post->save()) {
        throw new Exception(' 發表失敗 ');
    }
  });
}
```

■ application/user/view/post/publish.html

```html
<ol class="breadcrumb">
<li><a href="{:url('/user')}">首頁 </a></li>
<li><a href="{:url('post/index')}">文章列表 </a></li>
<li class="active">發表文章 </li>
</ol>
<form action="{:url('do_publish')}" class="form-horizontal" method="post">
```

```
<div class="form-group">
<label for="title" class="col-md-1 control-label">標題</label>
<div class="col-md-4">
<input type="text" class="form-control" id="title" name="title" maxlength=
"100" required>
</div>
</div>
<div class="form-group">
<label for="category_id" class="col-md-1 control-label">分類</label>
<div class="col-md-4">
<select name="category_id" id="category_id" class="form-control">
<volist name="categories" id="category">
<option value="{$category.category_id}">{$category.name}</option>
</volist>
</select>
</div>
</div>
<div class="form-group">
<label class="col-md-1 control-label">狀態</label>
<div class="col-md-4">
<label class="radio-inline">
<input type="radio" name="status" value="1" checked>草稿
</label>
<label class="radio-inline">
<input type="radio" name="status" value="2">顯示
</label>
<label class="radio-inline">
<input type="radio" name="status" value="3">隱藏
</label>
</div>
</div>
<div class="form-group">
<label for="sort" class="col-md-1 control-label">排序</label>
```

```
<div class="col-md-4">
<input type="text" class="form-control" id="sort" name="sort" value="0"
required>
</div>
</div>
<div class="form-group">
<label for="content" class="col-md-1 control-label">內容 </label>
<div class="col-md-4">
<textarea name="content" id="content" class="form-control" rows="10"
required></textarea>
</div>
</div>
<div class="form-group">
<div class="col-md-4 col-md-offset-1">
<button class="btn btn-primary">提交 </button>
<button class="btn btn-default" type="reset">重置 </button>
</div>
</div>
</form>
```

15.7.5 連線統計系統

（1）登入 tongji.baidu.com。

（2）點擊應用管理。

（3）增加網站（需要公網部署的網站）。

（4）複製統計程式。

（5）貼上到網站前端版面配置檔案中即可。如果產生了存取，百度統計
    後台可以看到結果。

15.8　專案歸納

部落格系統作為本書的第一個範例專案，示範了 ThinkPHP 常用的技術、模組、視圖繪製等。當然系統還是存在一定的升級空間，例如增加總管理後台管理讀者和文章、加入友情連結模組等，有興趣的讀者可以嘗試實現。

「麻雀雖小，五臟俱全」。本章的專案是一個完整專案的開發流程，包含前期需求分析、系統模組、資料庫設計、專案程式開發、測試上線等。

本章接下來的專案複雜度會提升一點，希望各位讀者能夠把本章了解透徹，特別是專案開發流程，這對於以後的工作會有很大幫助，也便於培養自己的程式開發風格。

15.9　專案完整程式

本專案已經託管到 github.com，網址為 https://github.com/xialeistudio/thinkphp5-inaction/blog。各位讀者有任何問題都可以在 github.com 上提 issue。

圖書管理系統開發

書籍是人類進步的階梯。現在有很多圖書館，我們借書和讀書也比較方便，針對大量的書籍資料和使用者資料，圖書館一般會採用現代化的圖書管理系統來管理書籍、讀者等。

16.1 專案目的

本章打算使用 ThinkPHP 5 開發一個圖書管理系統，主要用於管理讀者、書籍、書籍借閱。本章採取了 MVC+Repository+Service 的程式分層方式。在中大型企業應用的開發過程中，傳統的 MVC 模型已經無法應對多變的需求和多變的外部環境，降低系統複雜度的重要方法就是「分而治之」，每一部分只負責一件事情，傳統的 MVC 模型中業務模型如果寫在 Controller 層，將造成程式無法重複使用的問題（Controller 一般針對用戶端請求，不存在互相呼叫的情況，當然如果非要產生實體控制器之後呼叫方法從技術實現上是可以的，只是不滿足專案標準罷了）。

16.2 MVC+Repository+Service 介紹

MVC 模式不多做介紹，核心就是 "Model+Controller+View" 的形式。Model 負責資料操作，Controller 負責接收 View 提供的資料，調動 Model 方法之後將結果交給 View 繪製，View 收集互動資料後上報給 Controller。

Repository 的釋義是「倉儲層」，可以看到它跟 Model 層是很相似的。事實上也是如此，Repository 的確跟資料庫進行處理，但是更重要的功能是負責溝通資料庫記錄與應用物件，以及複雜的資料庫查詢等。在不更改 Model 繼承關係的情況下，可以將一些常用的 CURD 操作封裝到 Repository 層，透過工廠方法傳入 Model 的 className 實現類似「泛型」效果。此外，Repository 只負責資料庫操作，不含業務邏輯，所以以往 Model 查詢時不存在可以拋出例外的場景在 Repository 中只需要傳回空資料，不需要拋出例外。

Service 是針對業務邏輯進行程式設計的，該層不與資料進行處理，可能拿到 Repository 傳回的 Model 的資料後直接操作再儲存，很方便的，但是該做法違反了低耦合原則，Service 應該只和 Repository 進行處理。試想一下，Service 如果同時和 Model（資料更新的時候最容易發送，因為拿到 Model 之後儲存是自然反應）以及 Repository（複雜查詢或基本 CURD 操作會呼叫）產生關係，就會導致系統複雜性上升，因為 Repository 並沒有造成隔離 Service 和 Model 的作用。

16.3 需求分析

圖書管理系統的業務邏輯較複雜（需要特定領域或業界人員才清楚），本章只實現核心需求。核心需求有以下幾點：

（1）書籍管理。圖書館有大量的書籍，可能經常會發生書籍的變動（借閱不算），這時就需要將書籍登記在冊，包含新書入庫之類的，以方便後續管理。

（2）讀者管理。圖書館最重要的使用者是讀者，圖書借閱也是以讀者為單位來開展的。圖書館可能需要檢視有多少借書使用者、借書量比較大的使用者，以及提醒借閱延期的使用者及時還書等。

（3）借閱管理。圖書館最核心的業務是圖書借閱，圖書借閱有關的實體有讀者和書籍，一名讀者借出一本書就可以看作一次借閱了。當然也有複雜一點的，一名讀者一次借書算一次借閱，多本書籍只算一次借閱，有點類似電子商務訂單的形式。

16.4 功能分析

需求分析一般是領域內人員用自然語言表述出來的，但是離步入開發還是有一段距離的，功能分析的目的就是為了打通客戶需求和技術之間的門檻，透過分析的方式將非技術語言轉為技術語言。

結合需求分析來看，本章的圖書管理系統有以下模組：

- 管理員模組，負責書籍增加/編輯、讀者管理和借閱管理。
- 讀者模組，負責讀者增加/管理/查詢等功能。

- 書籍模組，負責增加 / 編輯 / 檢視書籍。
- 借閱模組，負責圖書借閱 / 借閱管理。

16.5 模組設計

根據功能分析得出大致的模組以及模組的組成。當然，對於一些關鍵操作，例如圖書管理系統中書籍的所有操作記錄都需要有，這樣從書籍入庫到最後借閱出去的一整個流程就都可以清晰地記錄了，方便檢視書籍借閱的一些歷史資訊等。圖書管理系統模組架構如圖 16-1 所示。

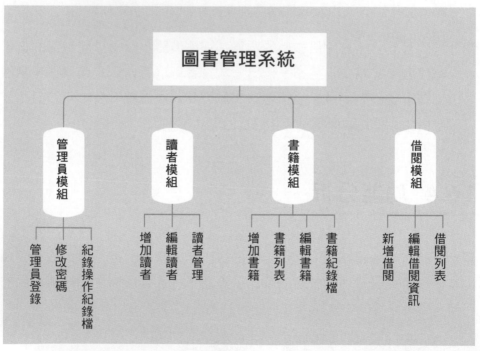

圖 16-1

16.6 資料庫設計

資料庫設計其實是依賴於功能分析以及模組設計的，從圖 16-1 可以得出需要以下資料表來儲存資料：

- 管理員模組：admin 表、admin_log 表（記錄操作記錄檔、登入資訊等）。
- 讀者模組：user 表。
- 書籍模組：book 表、book_log 表（記錄書籍記錄檔）。
- 借閱模組：book_lending 表。

16.6.1 資料庫模型關係

圖書管理系統表間關係比較簡單，但是資料的完整性要求比較高，所以需要完整的記錄檔來輔助記錄比較實際的資訊。資料庫建模軟體採用 MySQL Workbench，模型圖如圖 16-2 所示。

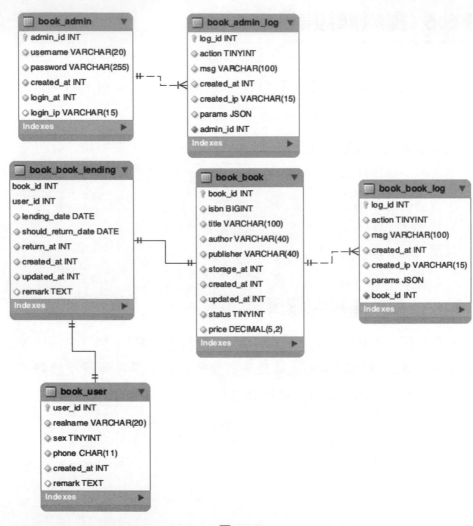

圖 16-2

16.6.2 資料庫關係說明

依據模組設計中各功能模組的關係圖可以得出以下關係：

■ 管理員記錄檔需要記錄管理員 ID，所以管理員和管理員記錄檔是一對多的關係。

■ 同樣書籍記錄檔記錄的是書籍的流動資訊，例如入庫、借出等，所以書籍和書籍記錄檔是一對多的關係。

■ 本系統對於借閱的定義是：一名讀者借一本書算一次借閱，如果一次借十本就算十次借閱。一般情況下可能會設計成類似電子商務訂單的模型，一名讀者借一次書算一次借閱（一個訂單），實際借了多少本書可以算成這筆訂單下有多少個商品。針對本系統的模型，書籍 ID+ 使用者 ID 才可以組成一次借閱，所以借閱記錄是聯合主鍵。

16.6.3 資料庫字典

該資料庫中有關的表如表 16-1~ 表 16-6 所示。

表 16-1 book_admin（管理員）

欄位名稱	欄位類型	欄位說明	欄位屬性
admin_id	int	管理員 ID	AI/PK/NN/UN
username	varchar(20)	帳號	NN/UQ
password	varchar(255)	密碼	NN
created_at	int	增加時間	NN
login_at	int	最後登入時間	NN
login_ip	varchar(15)	最後登入 IP	NULL

表 16-2 book_admin_log（管理員記錄檔）

欄位名稱	欄位類型	欄位說明	欄位屬性
log_id	int	記錄檔 ID	AI/PK/NN/UN
action	tinyint	動作類型	NN
msg	varchar(100)	記錄檔內容	NN
created_at	int	記錄時間	NN
created_ip	varchar(15)	記錄 IP	NN
params	json	其他參數	NULL
admin_id	int	管理員 ID	NN/UN

表 16-3 book_book（書籍表）

欄位名稱	欄位類型	欄位說明	欄位屬性
book_id	int	書籍 ID	AI/PK/NN/UN
isbn	bigint	ISBN 編號	NN
title	varchar(100)	標題	NN
author	varchar(40)	作者	NN
publisher	varchar(40)	出版社	NN
storage_at	int	入庫時間	NN
created_at	int	增加時間	NN
updated_at	int	編輯時間	NN
status	tinyint	狀態	NN
price	decimal(5,2)	價格	NN

表 16-4 book_book_lending（書籍借閱記錄表）

欄位名稱	欄位類型	欄位說明	欄位屬性
book_id	int	書籍 ID	PK/UN/NN
user_id	int	讀者 ID	PK/UN/NN
lending_date	date	借閱日期	NN
should_return_date	date	應還日期	NN
return_at	int	還書時間	NN
created_at	int	建立時間	NN
updated_at	int	編輯時間	NN
remark	text	備註	NULL

表 16.5 book_book_log（書籍記錄檔）

欄位名稱	欄位類型	欄位說明	欄位屬性
log_id	int	記錄檔 ID	PK/AI/NN/UN
action	tinyint	動作	NN
msg	varchar(100)	記錄檔內容	NN
created_at	int	記錄時間	NN
created_ip	varchar(15)	記錄 IP	NN
params	json	額外參數	NN
book_id	int	書籍 ID	NN/UN

表 16-6 blog_user（讀者表）

欄位名稱	欄位類型	欄位說明	欄位屬性
user_id	int	讀者 ID	AI/NN/UN/PK
realname	varchar(20)	姓名	NN
sex	tinyint	性別	NN
phone	char(11)	手機	NN/NQ
created_at	int	增加時間	NN
remark	text	備註	NULL

16.7 核心業務流程

圖書管理系統的核心業務流程是書籍的借閱與歸還，因為這是最多的業務場景：

- 借書時需要判斷書籍狀態，已借出的書籍不能再借，否則會產生資料錯誤。
- 需要判斷借書日期與應還日期，應還日期應該晚於借書日期。
- 需要寫入管理員操作記錄檔與書籍流水記錄檔。

16.8 效果展示

圖書管理系統的介面，如圖 16-3 ～圖 16-10 所示。

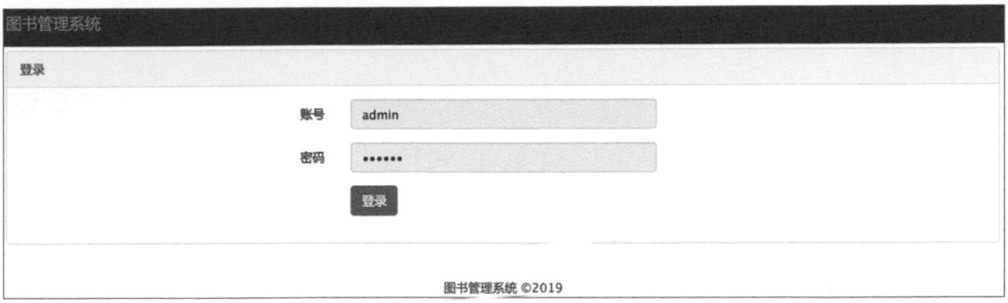

圖 16-3（管理員登入）

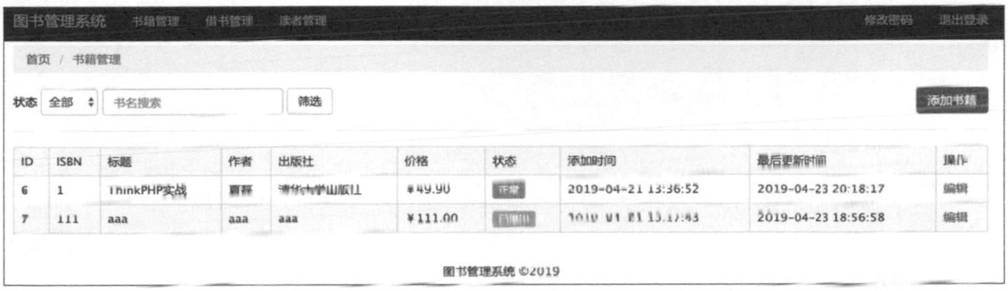

圖 16-4（書籍管理）

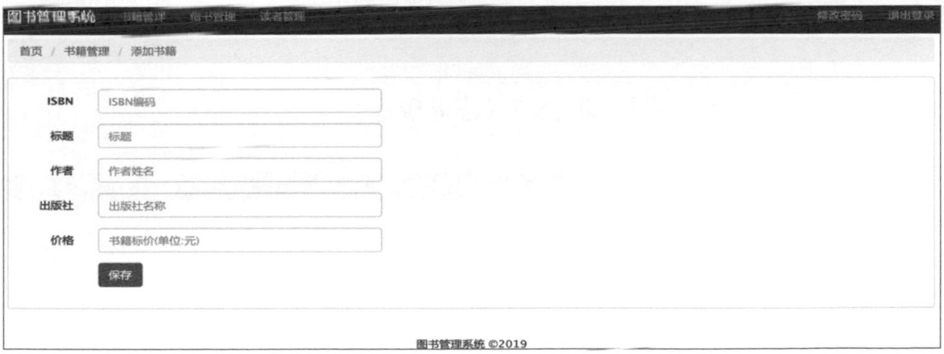

圖 16-5（增加書籍）

圖 16-6（借書管理）

圖 16-7（出借書籍）

圖 16-8（讀者管理）

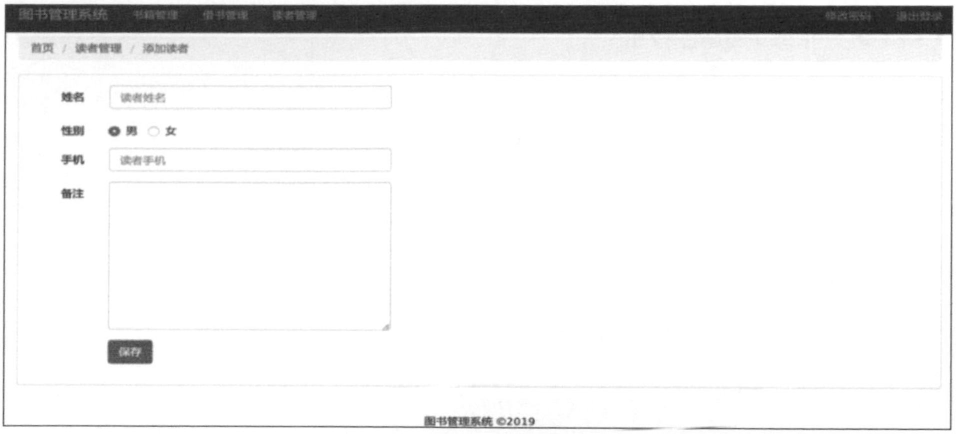

圖 16-9（增加讀者）

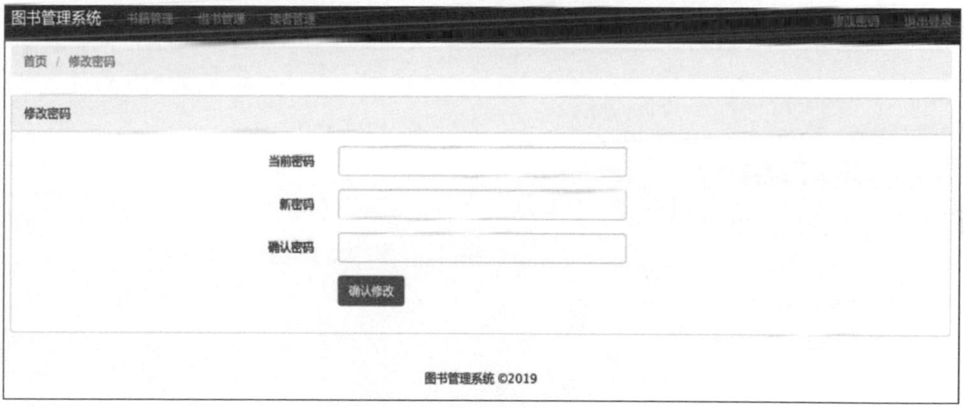

圖 16-10（修改密碼）

16.9 程式範例

- application/common/repository/AbstractRepository.php

```php
<?php
/* 抽象倉庫層實現，透過一個獨立的類別接收傳入的模型類別實現通用的 CURD 操作，
 * 減少了樣板程式。當然，如果 PHP 支援泛型那將是一項非常完美的特性！
*/
/**
 * @author xialeistudio <xialeistudio@gmail.com>
 */


namespace app\common\repository;

use app\common\BaseObject;
use app\common\model\BaseModel;
use PDOStatement;
use think\Collection;
use think\db\exception\DataNotFoundException;
use think\db\exception\ModelNotFoundException;
use think\Exception;
use think\exception\DbException;
use think\Model;
use think\Paginator;

/**
 * 倉儲層
 * Class AbstractRepository
 * @package app\common\repository
 */
abstract class AbstractRepository extends BaseObject
{
    /**
```

```
 * 模型類別
 * @return string|Model
 */
abstract protected function modelClass();


/**
 * 新增資料
 * @param array $data
 * @return mixed|BaseModel
 * @throws Exception
 */
public function insert(array $data)
{
    $className = $this->modelClass();
    /** @var BaseModel $model */
    $model = new $className();
    $model->data($data);
    return $model->save();
}


/**
 * 尋找一筆資料
 * @param array $conditions
 * @return BaseModel|mixed
 * @throws DbException
 */
public function findOne(array $conditions)
{
    $className = $this->modelClass();
    return $className::get($conditions);
}


/**
 * 更新資料
```

```
 * @param Model $model
 * @param array $data
 * @return mixed|BaseModel
 */
public function update(Model $model, array $data)
{
    return $model->save($data);
}

/**
 * 刪除資料
 * @param array $conditions
 * @return int
 * @throws Exception
 */
public function delete(array $conditions)
{
    $className = $this->modelClass();
    /** @var Model $model */
    $model = new $className();
    $deleteCount = $model->where($conditions)->delete();
    if (!$deleteCount) {
        throw new Exception('刪除失敗');
    }
    return $deleteCount;
}

/**
 * 分頁資料
 * @param int $size
 * @param array $conditions
 * @param array $with
 * @param array $orderBy
 * @param array $excludeFields
```

```
 * @return Paginator
 * @throws DbException
 */
public function listByPage($size = 10, array $conditions = [], $with =
[], $orderBy = [], $excludeFields = [])
{
    $className = $this->modelClass();
    /** @var Model $model */
    $model = new $className();
    $model->where($conditions)->with($with)->order($orderBy);
    if (!empty($excludeFields)) {
        $model->field($excludeFields, true);
    }
    return $model->paginate($size);
}

/**
 * 搜索列表
 * @param int $size
 * @param array $condition
 * @param null $column
 * @param null $keyword
 * @param array $with
 * @param array $orderBy
 * @param array $excludeFields
 * @return Paginator
 * @throws DbException
 */
public function listBySearch($size = 10, $condition = [], $column =
null, $keyword = null, $with = [], $orderBy = [], $excludeFields = [])
{
    $className = $this->modelClass();
    /** @var Model $model */
    $model = new $className();
```

```php
        if (!empty($condition)) {
            $model->where($condition);
        }
        if (!empty($keyword) && !empty($column)) {
            $model->whereLike($column, '%' . $keyword . '%');
        }
        $model->with($with)->order($orderBy);
        if (!empty($excludeFields)) {
            $model->field($excludeFields, true);
        }
        return $model->paginate($size);
    }


    /**
     * 取得所有資料
     * @param array $conditions
     * @return false|PDOStatement|string|Collection
     * @throws DbException
     * @throws DataNotFoundException
     * @throws ModelNotFoundException
     */
    public function all(array $conditions = [])
    {
        $className = $this->modelClass();
        /** @var Model $model */
        $model = new $className();
        if (!empty($conditions)) {
            $model->where($conditions);
        }
        return $model->select();
    }
}
```

■ application/common/repository/Repository.php

```php
<?php
/**
 * @author xialeistudio <xialeistudio@gmail.com>
 */

namespace app\common\repository;

use think\Model;

class Repository extends AbstractRepository
{
    private $modelClass;

    /**
     * @var array 倉儲 [ 模型類別 -> 倉儲實例 ]
     */
    private static $repositories = [];

    /**
     * Repository constructor.
     * @param $modelClass
     */
    private function __construct($modelClass)
    {
        $this->modelClass = $modelClass;
    }

    /**
     * @param string $modelClass
     * @return AbstractRepository|mixed
     */
```

```php
public static function ModelFactory($modelClass)
{
    if (!isset(self::$repositories[$modelClass])) {
        self::$repositories[$modelClass] = new Repository($modelClass);
    }
    return self::$repositories[$modelClass];

}


/**
 * 模型類別
 * @return string|Model
 */
protected function modelClass()
{
    return $this->modelClass;
}
}
```

Repository::ModelFactory($modelClass) 是主要方法，該方法傳回傳入的模型類別實例，透過靜態 $repositories 屬性儲存已經產生實體的類別，減少系統記憶體佔用以及初始化負擔。

■ application/common/service/AdminService.php

```php
/**
 * 登入
 * @param string $username
 * @param string $password
 * @param string $ip
 * @return Admin
 * @throws DbException
 * @throws Exception
```

```
*/
public function login($username, $password, $ip)
{
    /** @var Admin $admin */
    $admin = Repository::ModelFactory(Admin::class)->findOne(['username' =>
$username]);
    if (empty($admin) || !password_verify($password, $admin->password)) {
        throw new Exception(' 帳號或密碼錯誤 ');
    }

    session(self::SESSION_LOGIN_KEY, [$admin->login_at, $admin->login_ip]);
    session(self::SESSION_KEY, $admin);
    Repository::ModelFactory(Admin::class)->update($admin, ['login_at' =>
time(), 'login_ip' => $ip]);
    $this->log($admin->admin_id, AdminLog::ACTION_LOGIN, ' 登入 ', [], $ip);
    return $admin;
}
```

可以看到 Repository 和 Service 的職責相當分明，之前尋找完 model 之後修改屬性常常就直接儲存到資料庫了，採用 Repository 可以統計所有 model 的行為，例如需要做資料快照，只需要修改倉庫層方法即可。

- application/common/service/BookLendService.php

```
/**
 * 借出
 * @param $bookId
 * @param $userId
 * @param $adminId
 * @param $ip
 * @param array $data
 * @return mixed
 */
```

```php
public function lend($bookId, $userId, $adminId, $ip, array $data)
{
    $data = ArrayHelper::filter($data, ['lending_date', 'should_return_date',
'remark']);
    return Db::transaction(function () use ($bookId, $userId, $adminId, $ip,
$data) {
        $book = BookService::Factory()->findOne($bookId);
        if ($book->status != Book::STATUS_NORMAL) {
            throw new Exception(' 該書籍已借出 ');
        }
        if (strtotime($data['should_return_date']) < strtotime($data
['lending_date'])) {
            throw new Exception(' 應還日期錯誤 ');
        }
        Repository::ModelFactory(Book::class)->update($book, ['status' =>
Book::STATUS_LEND]);
        // 借出記錄
        Repository::ModelFactory(BookLending::class)->insert([
            'book_id' => $bookId,
            'user_id' => $userId,
            'lending_date' => $data['lending_date'],
            'should_return_date' => $data['should_return_date'],
            'return_at' => 0,
            'remark' => $data['remark']
        ]);
        // 記錄檔
        AdminService::Factory()->log($adminId, AdminLog::ACTION_LEND_BOOK,
' 書籍借出 ', ['book_id' => $bookId, 'user_id' => $userId], $ip);
        BookService::Factory()->log($bookId, BookLog::ACTION_LEND, ' 借出 ',
['admin_id' => $adminId], $ip);
        return $book;
    });
}
```

書籍借閱採用了閉包呼叫交易的方法，如果閉包函數中未拋出例外則交易自動提交；如果拋出了例外則自動回覆交易。整個交易是透明的，安心處理業務邏輯即可。

Repository 的公用方法優勢已經表現出來了，不需要再手動產生實體模型類別即可完成查詢。

■ application/common/service/BookLendService.php

```php
/**
 * 借出列表
 * @param int $size
 * @param null $keyword
 * @return Paginator
 * @throws DbException
 */
public function lendList($size = 10, $keyword = null)
{
    return Repository::ModelFactory(BookLending::class)
        ->listBySearch($size, [], null, null, [
            'book' => function (Query $query) use ($keyword) {
                if (!empty($keyword)) {
                        $query->whereLike('isbn|title|author|publisher',
$keyword);
                }
            },
            'user' => function (Query $query) use ($keyword) {
                if (!empty($keyword)) {
                    $query->whereLike('realname|phone', $keyword);
                }
            }
        ], ['created_at' => 'desc']);
}
```

借出清單採用了閉包連結篩選的方式，因為需要對連結的資料根據關鍵字進行篩選。如果有複雜查詢，例如過濾連結模型的某些欄位等，可以直接操作閉包函數的 Query 物件，語法和普通 Query 操作是一致的。

■ application/common/service/BookLendService.php

```php
/**
 * 歸還書籍
 * @param $bookId
 * @param $userId
 * @param $adminId
 * @param $ip
 * @return mixed
 */
public function return($bookId, $userId, $adminId, $ip)
{
    return Db::transaction(function () use ($bookId, $userId, $adminId, $ip) {
        /** @var BookLending $lend */
        $lend = Repository::ModelFactory(BookLending::class)->findOne
(['book_id' => $bookId, 'user_id' => $userId]);
        if (empty($lend)) {
            throw new Exception(' 借出記錄不存在 ');
        }
        if ($lend->return_at) {
            throw new Exception(' 該出借已歸還 ');
        }
            Repository::ModelFactory(BookLending::class)->update($lend,
['return_at' => time()]);
        $book = BookService::Factory()->findOne($bookId);
        Repository::ModelFactory(Book::class)->update($book, ['status' =>
Book::STATUS_NORMAL]);
        // 記錄檔
        AdminService::Factory()->log($adminId, AdminLog::ACTION_RETURN_BOOK,
```

```
'歸還書籍', ['book_id' => $bookId, 'user_id' => $userId], $ip);
        BookService::Factory()->log($bookId, BookLog::ACTION_RETURN, '歸還書
籍', ['admin_id' => $adminId, 'user_id' => $userId], $ip);
        return $lend;
    });
}
```

書籍歸還的業務邏輯跟書籍借閱是類似的，判斷完書籍的狀態之後儲存借閱資料，然後記錄記錄檔即可，這裡不再贅述。

16.10 專案歸納

本章的學習到這裡就告一段落了，需要掌握的基礎知識主要是 Repository+Service 的分層處理。這種方案在各位讀者做專案開發時是可以直接拿來使用的，特別是在多人協作開發的時候可以按照分層的方式同步開發，有問題的話只用在本層處理即可。另一個值得說明的是 Repository 和 AbstractRepository 對模型的處理，透過工廠方法傳入模型類別名稱即可實現內建 CURD 查詢。

本章使用到的設計模式主要是工廠模式和範本方法模式，這兩種設計模式在實際開發過程中非常常用，建議各位讀者了解一下，設計模式的最後目的是為了降低軟體開發的複雜度，以及加強系統的可維護性和可擴充性，因為合理的設計模式能夠實現「對擴充開放，對修改封閉」。

16.11 專案完整程式

本專案已經託管到 github.com，網址為 https://github.com/xialeistudio/
thinkphp5-inaction/library-management。各位讀者有任何問題都可以在
github.com 上提 issue。

討論區系統開發

討論區（forum），又名網路討論區，是 Internet 上的一種電子資訊
服務系統。它提供一塊公共電子白板，每個使用者都可以在上面
撰寫，可發佈資訊或提出看法。它是一種互動性強，內容豐富而即時的
Internet 電子資訊服務系統。使用者在 BBS 網站上可以獲得各種資訊服
務、發佈資訊、進行討論、聊天等。

第 15 章的部落格系統對於當今的社交系統顯得互動性不足，而 BBS 剛
好滿足了這種需求。發起人發佈一個主題，成員在主題下面發表回覆，
各抒己見，解決了部落格系統存在的互動性不強的問題。

17.1 專案目的

本章透過以 ThinkPHP 開發一個完整為基礎的討論區版塊，除了實現討論區系統常用的版塊管理、主題管理，還會對 ThinkPHP 常用的功能（如驗證碼、檔案上傳、複雜驗證器、豐富文字編輯器、複雜範本狀態判斷）做一次實作，加深讀者對以上功能的了解並能運用到實際的學習和工作當中。

17.2 需求分析

經常逛討論區的朋友應該知道，討論區系統一般有以下功能：

- 討論區系統最重要的應該就是發佈主題和回覆發文功能，實現這個需求的前提條件是有有效登入的使用者，所以這裡有關使用者系統和主題 / 回覆系統。

- 主題 / 回覆發佈之後需要專人去管理，如果有關違規內容就要即時編輯或刪除。這裡有關主題 / 發文內容的管理，一般會交給管理員去做。

- 討論區一般是有多個版塊的，每個版塊的內容範圍相比較集中，並且每個版塊都是有獨立版塊管理員的。這裡有關版塊管理和版主管理。

17.3 功能分析

透過需求分析以及結合各位讀者逛討論區的經驗可以獲得以下功能：

（1）主題 / 回覆管理，包含發表主題 / 回覆、編輯主題 / 回覆、刪除主題 / 回覆、發文操作記錄檔等。

（2）使用者管理，包含使用者註冊、登入、列表檢視。

（3）版塊管理，包含版塊增加、編輯、刪除。

（4）管理員功能，包含管理員增加、修改密碼、記錄記錄檔等。

17.4 模組設計

依據需求分析和功能分析，可以得出大致劃分的模組。模組間的關係是比較簡單的，比較複雜的業務流程應該是發布發义，有關主題寫入、使用者積分更新、使用者發帖數更新、版塊發文數更新等操作。

模組劃分的基礎一般使用以主體為基礎的方法。本章的討論區系統有關的主體有使用者、主題、回帖、管理員、版塊收藏、收藏，以主體為基礎可以劃分出如圖 17-1 所示的模組結構。

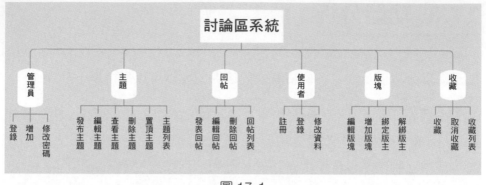

圖 17-1

17.5 資料庫設計

模組結構一般可以反映出資料庫結構，根據圖 17-1 所示的模組結構可以得出以下資料表：

（1）管理員模組：admin。

（2）主題模組：topic、topic_score_log（主題積分記錄檔）。

（3）回帖模組：reply。

（4）使用者模組：user、user_score_log（使用者積分記錄檔）。

（5）版塊模組：forum、forum_admin（版主資料表）。

（6）收藏模組：favorite。

17.5.1 資料庫表關係

資料庫依舊採用 MySQL Workbench 進行建模，該軟體是 MySQL 官方出的，能夠極佳地切合 MySQL 資料庫功能、特性等。資料庫表關係如圖 17-2 所示。

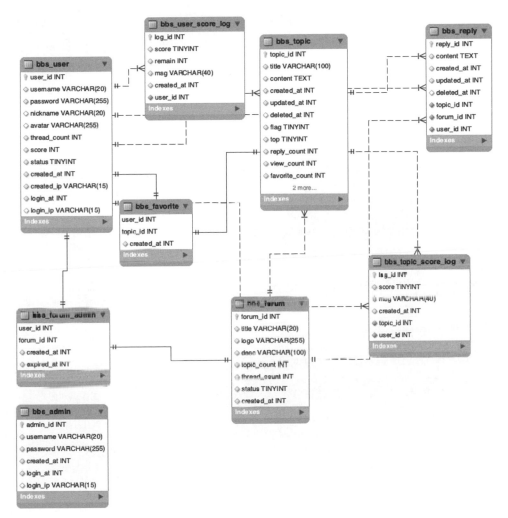

圖 17-2

17.5.2 資料庫表關係說明

從圖 17-2 可以看出 bbs_user 和 bbs_topic 與其他表間的關係非常多，因為討論區系統最重要的功能就是發表發文，很多功能幾乎都是與這兩者產生關係的。

值得一提的是版主資料表和收藏表。首先說的是版主資料表：一個使用者可以擔任多個版塊的版主，一個版塊可以由多個使用者擔任版主，但是一個使用者只能在同一個版塊擔任一個版主，所以一個使用者 ID+ 一個版塊 ID 可以唯一確定一筆版主記錄。版主資料表主鍵是由使用者 ID+ 版塊 ID 組成的聯合主鍵。收藏表的關係也是類似的，一個使用者可以收藏多篇主題，一篇主題可以被多人收藏，但是一個使用者只能收藏一次同一篇主題，所以一個使用者 ID+ 一個主題 ID 可以唯一確定一筆收藏記錄。收藏表主鍵是由使用者 ID+ 主題 ID 組成的聯合主鍵。

其他表之間的關係都是比較簡單的從屬關係，這裡不再說明。

17.5.3 資料庫字典

資料庫中各表的說明，如表 17-1~ 表 17-9 所示。

表 17-1 bbs_admin（管理員表）

欄位名稱	欄位類型	欄位說明	欄位屬性
admin_id	int	管理員 ID	AI/NN/UN/PK
username	varchar(20)	帳號	NN/UQ
password	varchar(255)	密碼	NN
created_at	int	增加時間	NN
login_at	int	最後登入時間	NN
login_ip	varchar(15)	最後登入 IP	NULL

表 17-2　bbs_favorite（收藏表）

欄位名稱	欄位類型	欄位說明	欄位屬性
user_id	int	使用者 ID	PK/NN/UN
topic_id	int	主題 ID	PK/NN/UN
created_at	int	收藏時間	NN

表 17-3　bbs_forum（版塊表）

欄位名稱	欄位類型	欄位說明	欄位屬性
forum_id	int	版塊 ID	PK/AI/NN/UN
title	varchar(20)	版塊名稱	NN
logo	varchar(255)	版塊 LOGO 圖片連結	NN
desc	varchar(100)	版塊簡介	NN
topic_count	int	主題數	NN
thread_count	int	回覆數	NN
status	tinyint	狀態	NN
created_at	int	增加時間	NN

表 17-4　bbs_forum_admin（版主資料表）

欄位名稱	欄位類型	欄位說明	欄位屬性
user_id	int	使用者 ID	PK/UN/NN
forum_id	int	版塊 ID	PK/UN/NN
created_at	int	任職時間	NN
expired_at	int	過期時間	NN

表 17-5 bbs_reply（回覆表）

欄位名稱	欄位類型	欄位說明	欄位屬性
reply_id	int	回覆 ID	PK/UN/NN/AI
content	text	回覆內容	NN
created_at	int	回覆時間	NN
updated_at	int	編輯時間	NN
deleted_at	int	刪除時間	NULL
topic_id	int	主題 ID	NN/UN
forum_id	int	版塊 ID	NN/UN
user_id	int	使用者 ID	NN/UN

表 17-6 bbs_topic（主題表）

欄位名稱	欄位類型	欄位說明	欄位屬性
topic_id	int	主題 ID	PK/UN/NN/AI
title	varchar(100)	主題標題	NN
content	text	主題內容	NN
created_at	int	發佈時間	NN
updated_at	int	編輯時間	NN
deleted_at	int	刪除時間	NULL
flag	tinyint	選項開關	NN
top	tinyint	置頂開關	NN
reply_count	int	回覆數	NN
view_count	int	檢視數	NN

欄位名稱	欄位類型	欄位說明	欄位屬性
favorite_count	int	收藏數	NN
forum_id	int	版塊 ID	NN/UN
user_id	int	使用者 ID	NN/UN

表 17-7 bbs_topic_score_log（主題記錄檔表）

欄位名稱	欄位類型	欄位說明	欄位屬性
log_id	int	記錄檔 ID	PK/UN/NN/AI
score	tinyint	積分	NN
msg	varchar(40)	記錄檔內容	NN
created_at	int	記錄時間	NN
topic_id	int	主題 ID	NN/UN
user_id	int	使用者 ID	NN/UN

表 17-8 bbs_user（使用者表）

欄位名稱	欄位類型	欄位說明	欄位屬性
user_id	int	使用者 ID	PK/AI/NN/UN
username	varchar(20)	帳號	NN/UN
password	varchar(255)	密碼	NN
nickname	varchar(20)	暱稱	NULL
avatar	varchar(255)	圖示	NULL
thread_count	int	發帖數	NN
score	int	積分	NN

欄位名稱	欄位類型	欄位說明	欄位屬性
status	tinyint	狀態	NN
created_at	int	註冊時間	NN
created_ip	varchar(15)	註冊 IP	NN
login_at	int	登入時間	NN
login_ip	varchar(15)	登入 IP	NULL

表 17-9 bbs_user_score_log（發文積分記錄檔）

欄位名稱	欄位類型	欄位說明	欄位屬性
log_id	int	記錄檔 ID	PK/AI/NN/UN
score	int	積分變動	NN
remain	int	剩餘積分	NN
msg	varchar(40)	變動原因	NN
created_at	int	記錄檔時間	NN
user_id	int	使用者 ID	UN/NN

17.6 效果展示

討論區系統中有關的介面效果，如圖 17-3 ～圖 17-25 所示。

圖 17-3（討論區首頁）

圖 17-4（版塊詳情）

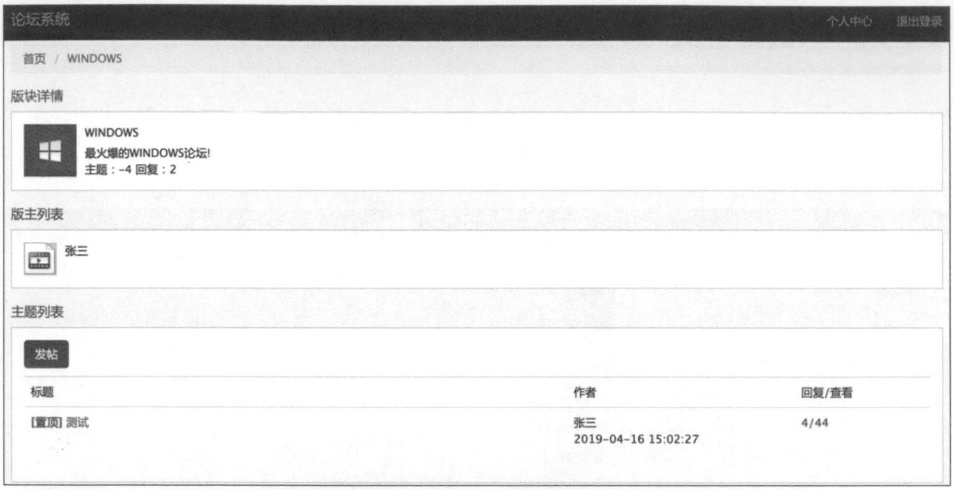

圖 17-5（發文詳情）

圖 17-6（使用者登入）

圖 17-7（使用者註冊）

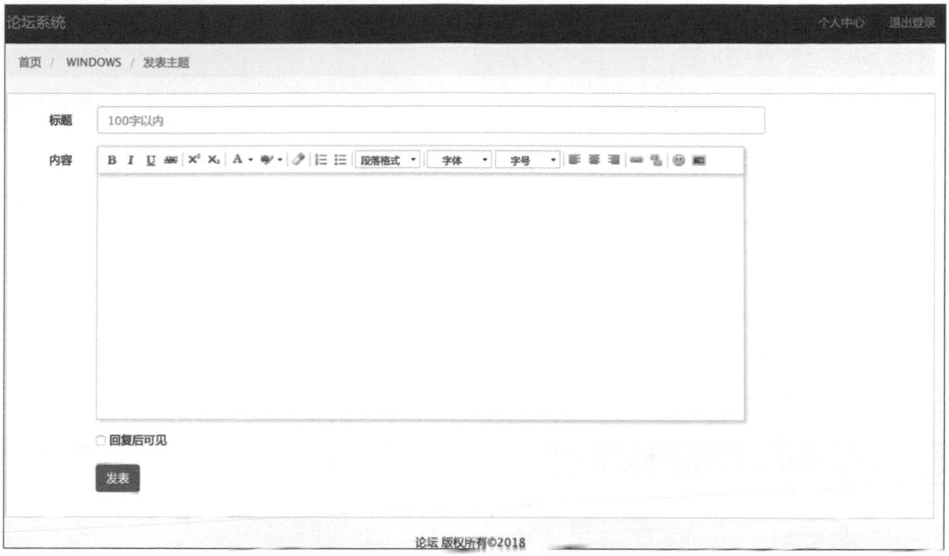

圖 17-8（發表主題）

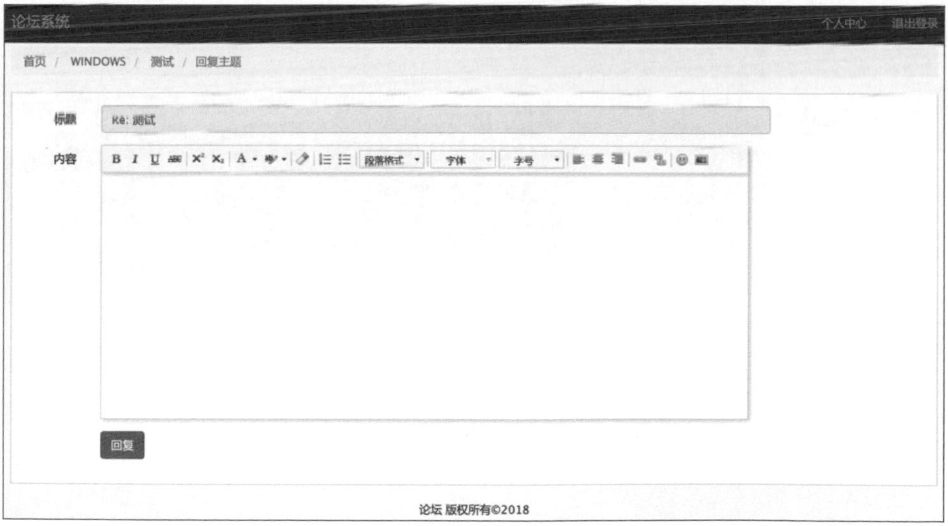

圖 17-9（回覆主題）

圖 17-10（未登入檢視回覆可見的主題）

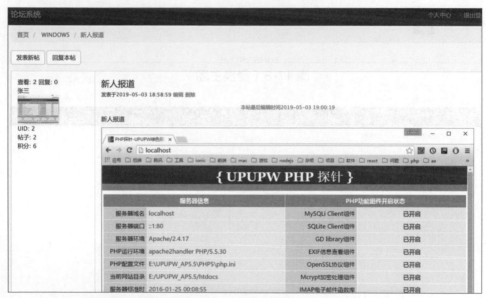

圖 17-11（發文詳情）

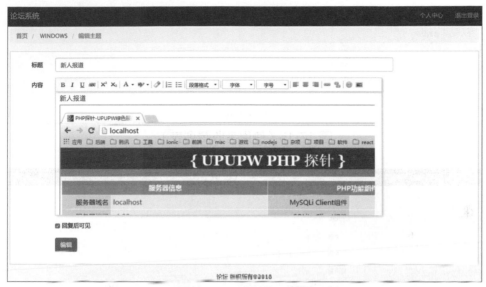

圖 17-12（編輯主題）

圖 17-13（使用者主題清單）

圖 17-14（使用者回覆列表）

図 17-15（使用者收藏列表）

図 17-16（使用者資料編輯）

図 17-17（管理後台登入）

圖 17-18（版塊管理）

圖 17-19（增加版塊）

圖 17-20（編輯版塊）

圖 17-21（版主列表）

圖 17-22（增加版主）

圖 17-23（使用者管理）

圖 17-24（主題管理）

圖 17-25（修改密碼）

17.7 程式範例

17.7.1 使用者註冊

■ application/admin/command/RegisterAdminCommand.php

```php
<?php
/**
 * @author xialeistudio <xialeistudio@gmail.com>
 */


namespace app\admin\command;
```

```
use app\common\service\AdminService;
use think\console\Command;
use think\console\Input;
use think\console\input\Argument;
use think\console\Output;
use think\Exception;

class RegisterAdminCommand extends Command
{
    protected function configure()
    {
        $this->setName('admin:register')
            ->setDescription('註冊管理員')
            ->addArgument('username', Argument::REQUIRED, '管理員帳號')
            ->addArgument('password', Argument::REQUIRED, '管理員密碼');
    }

    protected function execute(Input $input, Output $output)
    {
        $username = $input->getArgument('username');
        $password = $input->getArgument('password');
        try {
            $admin = AdminService::Factory()->register($username, $password);
            $output->info(sprintf('增加成功！ID:%d', $admin->admin_id));
        } catch (Exception $e) {
            $output->error($e->getMessage());
        }
    }
}
```

17.7.2 新增版塊

■ application/admin/controller/Forum.php

```php
/**
 * 處理新增版塊
 * @param Request $request
 */
public function do_new(Request $request)
{
    $errmsg = $this->validate($request->post(), [
        'title' => 'require|max:20',
        'desc' => 'require|max:100'
    ]);
    if ($errmsg !== true) {
        $this->error($errmsg);
    }
    $errmsg = $this->validate($request->file(), [
        'logo' => 'require|file'
    ]);
    if ($errmsg !== true) {
        $this->error($errmsg);
    }
    try {
        $data = $request->post();
        $data['logo'] = UploadService::Factory()->upload($request->file('logo'));
        ForumService::Factory()->add($data);
        $this->success('增加成功!', 'index');
    } catch (Exception $e) {
        $this->error($e->getMessage());
    }
}
```

17.7.3 編輯版塊

- application/admin/controller/Forum.php

```php
/**
 * 處理版塊編輯
 * @param Request $request
 */
public function do_update(Request $request)
{
    $errmsg = $this->validate($request->post(), [
        'id' => 'require',
        'title|名稱 ' => 'require|max:20',
        'desc|簡介 ' => 'require|max:100'
    ]);
    if ($errmsg !== true) {
        $this->error($errmsg);
    }
    try {
        $data = [
            'title' => $request->post('title'),
            'desc' => $request->post('desc'),
        ];
        $logo = $request->file('logo');
        if (!empty($logo)) {
            $data['logo'] = UploadService::Factory()->upload($logo);
        }
        ForumService::Factory()->update($request->post('id'), $data);
        $this->success('編輯成功 ', 'index');
    } catch (Exception $e) {
        $this->error($e->getMessage());
    }
}
```

17.7.4 模型基礎類別

重新定義 delete 和 save 方法，查詢失敗時將拋出異常，而非傳回 false。

■ application/common/model/BaseModel.php

```php
<?php
/**
 * @author xialeistudio <xialeistudio@gmail.com>
 */


namespace app\common\model;


use think\Exception;
use think\Model;


/**
 * 模型基礎類別
 * Class BaseModel
 * @package app\common\model
 */
class BaseModel extends Model
{
    /**
     * 刪除
     * @return Model|mixed
     * @throws Exception
     */
    public function delete()
    {
        if (!parent::delete()) {
            throw new Exception(' 刪除失敗 ');
        }
        return $this;
```

```
    }

    /**
     * 儲存資料
     * @param array $data
     * @param array $where
     * @param null $sequence
     * @return Model|mixed
     * @throws Exception
     */
    public function save($data = [], $where = [], $sequence = null)
    {
        if (false === parent::save($data, $where, $sequence)) {
            throw new Exception(' 儲存失敗 ');
        }
        return $this;
    }
}
```

17.7.5 主題模型類別

- application/common/model/Topic.php

```
<?php
/**
 * @author xialeistudio <xialeistudio@gmail.com>
 */

namespace app\common\model;

use app\common\service\ReplyService;
use traits\model\SoftDelete;
```

```php
/**
 * 主題表
 * Class Topic
 * @package app\common\model
 * @property int $topic_id
 * @property string $title
 * @property string $content
 * @property int $created_at
 * @property int $updated_at
 * @property int $deleted_at
 * @property int $flag
 * @property int $top
 * @property int $reply_count
 * @property int $view_count
 * @property int $favorite_count
 * @property int $forum_id
 * @property int $user_id
 */
class Topic extends BaseModel
{
    use SoftDelete;
    protected $autoWriteTimestamp = true;
    protected $createTime = 'created_at';
    protected $updateTime = 'updated_at';
    protected $deleteTime = 'deleted_at';

    const FLAG_REPLY_VISIBLE = 1 << 0;// 回覆後可見 ( 使用者設定 )

    protected function initialize()
    {
        self::beforeInsert(function (Topic $topic) {
            if (isset($topic->flag)) {
                $topic->flag &= self::FLAG_REPLY_VISIBLE; // 重置 flag
```

```php
        }
    });
    self::afterDelete(function (Topic $topic) {
        ReplyService::Factory()->deleteByTopic($topic->topic_id);
    });
}

/**
 * 判斷是否回覆可見
 * @return int
 */
public function isReplyVisible()
{
    return $this->flag & self::FLAG_REPLY_VISIBLE;
}

/**
 * 設定是否回覆可見
 * @param bool $replyVisible
 */
public function setReplyVisible($replyVisible)
{
    $this->flag |= self::FLAG_REPLY_VISIBLE;
    if (!$replyVisible) {
        $this->flag ^= self::FLAG_REPLY_VISIBLE;
    }
}

public function user()
{
    return $this->belongsTo(User::class, 'user_id', 'user_id');
}
```

```php
    public function forum()
    {
        return $this->belongsTo(Forum::class, 'forum_id', 'forum_id');
    }
}
```

17.7.6 倉儲基礎類別

- application/common/repository/Repository.php

```php
<?php
/**
 * @author xialeistudio <xialeistudio@gmail.com>
 */

namespace app\common\repository;

use app\common\BaseObject;
use PDOStatement;
use think\Collection;
use think\db\exception\DataNotFoundException;
use think\db\exception\ModelNotFoundException;
use think\Exception;
use think\exception\DbException;
use think\Model;
use think\Paginator;

/**
 * 倉儲層
 * Class Repository
 * @package app\common\repository
 */
abstract class Repository extends BaseObject
```

```
{
    /**
     * 模型類別
     * @return string|Model
     */
    abstract protected function modelClass();

    /**
     * 新增資料
     * @param array $data
     * @return mixed|Model
     */
    public function insert(array $data)
    {
        $className = $this->modelClass();
        /** @var Model $model */
        $model = new $className();
        $model->data($data);
        return $model->save();
    }

    /**
     * 尋找一筆資料
     * @param array $conditions
     * @return Model
     * @throws DbException
     */
    public function findOne(array $conditions)
    {
        $className = $this->modelClass();
        return $className::get($conditions);
    }
```

```
/**
 * 更新資料
 * @param Model $model
 * @param array $data
 * @return mixed|Model
 */
public function update(Model $model, array $data)
{
    return $model->save($data);
}


/**
 * 刪除資料
 * @param array $conditions
 * @return int
 * @throws Exception
 */
public function delete(array $conditions)
{
    $className = $this->modelClass();
    /** @var Model $model */
    $model = new $className();
    $deleteCount = $model->where($conditions)->delete();
    if (!$deleteCount) {
        throw new Exception(' 刪除失敗 ');
    }
    return $deleteCount;
}


/**
 * 分頁資料
 * @param int $size
 * @param array $conditions
```

```php
 * @return Paginator
 * @throws DbException
 */
public function listByPage($size = 10, array $conditions = [])
{
    $className = $this->modelClass();
    /** @var Model $model */
    $model = new $className();
    return $model->where($conditions)->paginate($size);
}


/**
 * 取得所有資料
 * @param array $conditions
 * @return false|PDOStatement|string|Collection
 * @throws DbException
 * @throws DataNotFoundException
 * @throws ModelNotFoundException
 */
public function all(array $conditions = [])
{
    $className = $this->modelClass();
    /** @var Model $model */
    $model = new $className();
    if (!empty($conditions)) {
        $model->where($conditions);
    }
    return $model->select();
}
}
```

17.7.7 主題倉儲類別

■ application/common/repository/TopicRepository.php

```php
<?php
/**
 * @author xialeistudio <xialeistudio@gmail.com>
 */

namespace app\common\repository;

use app\common\model\Topic;
use PDOStatement;
use think\Collection;
use think\db\exception\DataNotFoundException;
use think\db\exception\ModelNotFoundException;
use think\Exception;
use think\exception\DbException;
use think\Model;
use think\Paginator;

/**
 * 主題倉儲
 * Class TopicRepository
 * @package app\common\repository
 */
class TopicRepository extends Repository
{
    /**
     * 模型類別
     * @return string|Model
     */
    protected function modelClass()
```

```
{
    return Topic::class;
}

/**
 * 取得發文詳情
 * @param int $topicId
 * @param array $relations
 * @return array|false|PDOStatement|string|Model
 * @throws DataNotFoundException
 * @throws DbException
 * @throws Exception
 * @throws ModelNotFoundException
 */
public function showWithRelations($topicId, array $relations = [])
{
    $model = new Topic();
    $model->where('topic_id', $topicId);
    $model->with($relations);
    $topic = $model->find();
    if (empty($topic)) {
        throw new Exception(' 發文不存在 ');
    }
    return $topic;
}

/**
 * 取得版塊發文列表
 * @param int $forumId
 * @param int $size
 * @return Paginator
 * @throws DbException
 */
```

```php
    public function listWithUserByForum($forumId, $size = 10)
    {
        $model = new Topic();
        $model->where('forum_id', $forumId);
        $model->with(['user']);
        $model->order(['top' => 'desc', 'topic_id' => 'desc']);
        return $model->paginate($size);
    }


    /**
     * 管理後台發义列表
     * @param int $forumId
     * @param null $keyword
     * @param int $size
     * @return Paginator
     * @throws DbException
     */
    public function listWithUserWithForum($forumId = 0, $keyword = null,
$size = 10)
    {
        $model = new Topic();
        if (!empty($forumId)) {
            $model->where('forum_id', $forumId);
        }
        if (!empty($keyword)) {
            $model->where('title', 'like', '%' . $keyword . '%');
        }
        $model->with(['user', 'forum']);
        $model->order(['top' => 'desc', 'topic_id' => 'desc']);
        return $model->paginate($size);
    }

    /**
```

```
    * 使用者主題清單
    * @param int $userId
    * @param int $size
    * @return Paginator
    * @throws DbException
    */
   public function listWithForumByUser($userId, $size = 10)
   {
       $model = new Topic();
       $model->where('user_id', $userId);
       $model->with(['forum']);
       $model->order(['topic_id' => 'desc']);
       return $model->paginate($size);
   }


   /**
    * 最新發文
    * @param int $size
    * @return false|PDOStatement|string|Collection
    * @throws DataNotFoundException
    * @throws DbException
    * @throws ModelNotFoundException
    */
   public function listLatest($size = 30)
   {
       $model = new Topic();
       $model->field('content', true);
       $model->order(['topic_id' => 'desc']);
       $model->limit($size);
       $model->with(['forum', 'user']);
       return $model->select();
   }
}
```

17.7.8 使用者業務類別

- application/common/service/UserService.php

```php
<?php
/**
 * @author xialeistudio <xialeistudio@gmail.com>
 */


namespace app\common\service;

use app\common\BaseObject;
use app\common\helper\ArrayHelper;
use app\common\model\User;
use app\common\repository\UserRepository;
use think\Exception;
use think\exception\DbException;
use think\File;
use think\Model;
use think\Paginator;
use think\Session;

/**
 * 使用者業務
 * Class UserService
 * @package app\common\service
 */
class UserService extends BaseObject
{
    const SESSION_KEY = 'user';
    const SESSION_LOGIN = 'user.login';

    /**
```

```
 * 註冊
 * @param string $username
 * @param string $password
 * @return mixed|Model
 * @throws DbException
 * @throws Exception
 */
public function register($username, $password)
{
    $admin = UserRepository::Factory()->findOne(['username' => $username]);
    if (!empty($admin)) {
        throw new Exception(' 使用者名稱已存在 ');
    }
    return UserRepository::Factory()->insert([
        'username' => $username,
        'password' => $password
    ]);
}


/**
 * 登入
 * @param string $username
 * @param string $password
 * @param $ip
 * @return User
 * @throws DbException
 * @throws Exception
 */
public function login($username, $password, $ip)
{
    /** @var User $user */
    $user = UserRepository::Factory()->findOne(['username' => $username]);
    if (empty($user) || !password_verify($password, $user->password)) {
```

```
            throw new Exception(' 使用者名稱或密碼錯誤 ');
        }

        session(self::SESSION_LOGIN, [$user->login_at, $user->login_ip]);
        session(self::SESSION_KEY, $user);

        UserRepository::Factory()->update($user, ['login_at' => time(),
'login_ip' => $ip]);
        return $user;
    }

    /**
     * 修改密碼
     * @param int $userId
     * @param string $oldPassword
     * @param string $newPassword
     * @return mixed|Model
     * @throws DbException
     * @throws Exception
     */
    public function changePassword($userId, $oldPassword, $newPassword)
    {
        /** @var User $user */
        $conditions = ['user_id' => $userId];
        $user = UserRepository::Factory()->findOne($conditions);
        if (empty($user)) {
            throw new Exception(' 使用者不存在 ');
        }
        if (!password_verify($oldPassword, $user->password)) {
            throw new Exception(' 舊密碼錯誤 ');
        }
        return UserRepository::Factory()->update($user, ['password' =>
$newPassword]);
```

```
    }

    /**
     * 使用者列表
     * @param int $size
     * @param null $keyword
     * @return Paginator
     * @throws DbException
     */
    public function listByPageByKeyword($size = 10, $keyword = null)
    {
        return UserRepository::Factory()->listByPageByKeyword($size,
$keyword);
    }

    /**
     * 排除指定使用者的列表
     * @param array $userIds
     * @param int $size
     * @return Paginator
     * @throws DbException
     */
    public function listWithout(array $userIds = [], $size = 10)
    {
        return UserRepository::Factory()->listWithout($userIds, $size);
    }

    /**
     * 取得已登入使用者
     * @return mixed
     */
    public function getLoggedUser()
    {
```

```
        return session(self::SESSION_KEY);
    }


    /**
     * 退出登入
     */
    public function logout()
    {
        Session::delete(self::SESSION_KEY);
    }


    /**
     * 編輯資料
     * @param string $userId
     * @param array $data
     * @return mixed|Model
     * @throws DbException
     * @throws Exception
     */
    public function updateProfile($userId, array $data)
    {
        $user = UserRepository::Factory()->findOne(['user_id' => $userId]);
        if (empty($user)) {
            throw new Exception(' 使用者不存在 ');
        }
        $data = ArrayHelper::filter($data, ['nickname', 'avatar',
'password']);
        if (!empty($data['password'])) {
            $data['password'] = password_hash($data['password'],
PASSWORD_DEFAULT);
        }
        return UserRepository::Factory()->update($user, $data);
    }
```

```php
    /**
     * 尋找使用者
     * @param int $userId
     * @return User|mixed
     * @throws DbException
     */
    public function show($userId)
    {
        return UserRepository::Factory()->findOne(['user_id' => $userId]);
    }
}
```

17.7.9 自訂設定

- application/extra/app.php

```php
<?php
/**
 * 業務設定
 * @author xialeistudio <xialeistudio@gmail.com>
 */
return [
    'score.publish_reply' => 1,   // 發表回覆
    'score.publish_topic' => 5,   // 發表發文
    'score.top_topic' => 20,      // 發文置頂
];
```

17.7.10 讀取自訂設定

■ application/common/service/ReplyService.php

```
/**
 * 取得積分
 * @return int
 */
public function publishScore(): int
{
    return config('app.score.publish_reply');
}
```

17.7.11 免登入 Action 定義

■ application/index/controller/BaseController.php

```php
<?php
/**
 * @author xialeistudio <xialeistudio@gmail.com>
 */

namespace app\index\controller;

use app\common\service\UserService;
use think\Controller;

class BaseController extends Controller
{
    protected $guestActions = [];

    protected function loginRequired()
    {
```

```
        $user = UserService::Factory()->getLoggedUser();
        if (empty($user) && !in_array(request()->action(), $this->
guestActions)) {
            $this->redirect('/index/user/signin');
        }
        return $user;
    }


    protected function userId()
    {
        $user = $this->loginRequired();
        return $user['user_id'];
    }
}
```

17.7.12 免登入 Action 設定

■ application/index/controller/Topic.php

```
<?php
/**
 * @author xialeistudio <xialeistudio@gmail.com>
 */


namespace app\index\controller;


use app\common\service\FavoriteService;
use app\common\service\ForumAdminService;
use app\common\service\ForumService;
use app\common\service\ReplyService;
use app\common\service\TopicService;
use think\db\exception\DataNotFoundException;
use think\db\exception\ModelNotFoundException;
```

```
use think\Exception;
use think\exception\DbException;
use think\Request;

class Topic extends BaseController
{
    protected $questActions = ['show'];

    protected function _initialize()
    {
        $this->loginRequired();
    }

    /**
     * 檢視發文
     * @param Request $request
     * @return mixed
     */
    public function show(Request $request)
    {
        $topicId = $request->param('id');
        if (empty($topicId)) {
            $this->error(' 您的請求有誤 ');
        }
        try {
            TopicService::Factory()->view($topicId, $request->ip(),
$this->userId());
            $topic = TopicService::Factory()->showWithUserWithForum
($topicId);
            $replies = ReplyService::Factory()->listWithUserByTopic
($topicId);
            $this->assign('topic', $topic);
            $this->assign('replies', $replies);
```

```
            $this->assign('firstPage', $request->get('page', 1) == 1);
            $canView = !$topic->flag || ReplyService::Factory()->hasReplied
($topicId, $this->userId());
            $canAccess = TopicService::Factory()->shouldAccess($this->
userId(), $topic);
            $this->assign('canView', $canView || $canAccess);
            $this->assign('canAccess', $canAccess);
            $this->assign('userId',$this->userId());
            $this->assign('isAdmin', ForumAdminService::Factory()->isAdmin
($this->userId(), $topic->forum_id));
            $this->assign('isFavorite', FavoriteService::Factory()->
isFavorite($this->userId(), $topicId));
            return $this->fetch();
        } catch (Exception $e) {
            $this->error($e->getMessage());
        }
    }
}
```

17.7.13 使用者註冊（顯示驗證碼）

■ application/index/view/user/signup.html

```
<div class="main-box">
<ol class="breadcrumb">
<li><a href="{:url('/')}">首頁 </a></li>
<li class="active"> 使用者註冊 </li>
</ol>
<div class="content-box">
<form action="{:url('do_signup')}" method="post" class="form-horizontal">
<div class="form-group">
<label for="username" class="control-label col-md-1 col-md-offset-3"> 帳號
</label>
```

```
<div class="col-md-4">
<input type="text" class="form-control" id="username" name="username"
placeholder=" 登入帳號 " required>
</div>
</div>
<div class="form-group">
<label for="password" class="control-label col-md-1 col-md-offset-3"> 密碼
</label>
<div class="col-md-4">
<input type="password" class="form-control" id="password" name="password"
placeholder=" 登入密碼 " required>
</div>
</div>
<div class="form-group">
<label for="confirm_password" class="control-label col-md-1 col-md-
offset-3"> 確認密碼 </label>
<div class="col-md-4">
<input type="password" class="form-control" id="confirm_password"
name="confirm_password" placeholder=" 確認密碼 " required>
</div>
</div>
<div class="form-group">
<label for="captcha" class="control-label col-md-1 col-md-offset-3"> 驗證碼
</label>
<div class="col-md-2">
<input type="text" class="form-control" id="captcha" name="captcha"
placeholder=" 驗證碼 " required>
</div>
<div class="col-md-2">
<img src="{:captcha_src()}" class="img-responsive" alt=" 驗證碼 ">
</div>
</div>
<div class="form-group">
```

```
<div class="col-md-4 col-md-offset-4">
<button type="submit" class="btn btn-primary btn-block">註冊</button>
</div>
</div>
</form>
</div>
</div>
```

17.7.14 使用者註冊（檢測驗證碼）

■ application/index/controller/User.php

```
public function do_signup(Request $request)
{
    $errmsg = $this->validate($request->post(), [
        'username|帳號' => 'require|max:20',
        'password|密碼' => 'require',
        'confirm_password|確認密碼' => 'require|confirm:password',
        'captcha|驗證碼' => 'require|captcha'
    ]);
    if ($errmsg !== true) {
        $this->error($errmsg);
    }
    try {
        UserService::Factory()->register($request->post('username'),
$request->post('password'));
        $this->success('註冊成功!', 'signin');
    } catch (Exception $e) {
        $this->error($e->getMessage());
    }
}
```

17.8 專案歸納

本章的討論區系統專案到這裡就告一段落了。值得一提的是本章使用的 Repository 與上一章不同，當每個模型的 Repository 方法比較特殊時（例如複雜的查詢準則），可以為每個模型單獨新增一個 Repository 類別，所以本章倉儲層類別是比較多的。

本章算是一個比較大型的專案了，各位讀者從系統執行畫面可以看出來，有關的介面和功能還是比較多的，因為開發之前已經做了比較完整的分析工作，因此開發過程中算是比較順利的，基本上屬於「功能填充」類型的開發，不需要在開發的時候考慮模組架構的工作。

17.9 專案完整程式

本專案已經託管到 github.com，網址為 https://github.com/thinkphp5-inaction/bbs。讀者有任何問題都可以在 github.com 上提 issue。

微信小程式商場系統開發

18.1 專案目的

2019 年談到微信小程式，相信讀者都不會陌生。微信小程式是以微信億級使用者量為基礎建置的 APP 平台，透過 wxml、js、wxss 語法進行開發，滿足使用者「用完即走」的需求，非常輕量化，解決傳統 APP 需要下載的難題，降低使用者門檻，提升使用者體驗。

本章以 ThinkPHP5 為基礎開發一個微信小程式的商場專案，實現使用者下單購買的需求，讓各位讀者對於 ThinkPHP5 的 API 開發流程以及小程式開發流程有所熟悉。

18.2 需求分析

各位讀者一定用過淘寶或京東之類的電子商務應用，實際上電子商務的核心需求就是使用者購買並支付商戶，然後收貨，之後評價訂單，一筆訂單就完成了。

雖說核心流程是這樣，但是細節方面的要求還是蠻多的，例如下單過程中有關商品屬性的組合問題、優惠活動問題、商品評分之類的問題。本章的商場專案不會實現這麼多功能，實現核心的下單支付流程即可。

另外，由於小程式申請微信支付對個人開發者來說非常麻煩，因此本章的支付功能實際上只是一個訂單狀態的變更，不涉及實際的支付業務。

18.3 功能分析

根據常用電子商務應用的功能以及筆者的使用經歷，可以大致得出以下功能點：

- 商品管理，包含後台增加、編輯、展示商品，前端商品列表、詳情。
- 訂單管理，包含前台購買、支付，後台展示訂單。
- 使用者管理，包含使用者登入、註冊，後台展示使用者列表。
- 地址管理，包含前台使用者收貨資訊的管理。

18.4 模組設計

根據需求分析和功能分析,可以得出大致的模組結果,稍微複雜一點的可能是訂單這邊的邏輯。商場系統的主體有商品、訂單、使用者、地址,模組關係如圖 18-1 所示。

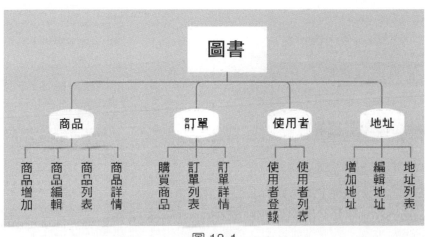

圖 18-1

18.5 資料庫設計

根據圖 18-1 所示的模組結構可以得出以下資料表:

- m_address:使用者地址表。
- m_goods:商品表。
- m_order:訂單表。
- m_user:使用者表。

18.5.1 資料庫關係

資料庫模型使用 MySQLWorkbench 建置，資料庫關係如圖 18-2 所示。

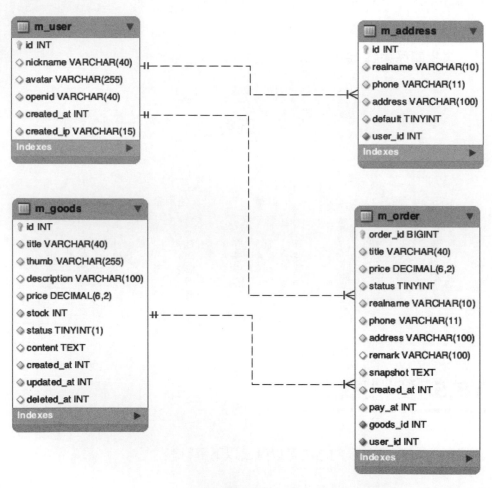

圖 18-2

18.5.2 資料庫關係說明

商場系統的資料庫關係比較簡單，地址是屬於使用者的，所以地址表中由使用者表的使用者 ID 來標識屬於哪個使用者。使用者購買指定商品即產生了一筆訂單資料，所以訂單表需要商品 ID 和購買者 ID。

需要說明的是訂單表的地址，有的讀者可能會有疑問：為什麼訂單表不存在地址 ID 呢？原因是訂單一旦下單，地址就應該固定，不跟隨使用者後期編輯而改變，所以這裡只能存實際的值而不能存地址 ID。商品快照也是同理，後期如果商品價格之類的資訊被編輯了，也不能影響以前的訂單。

18.5.3 資料庫字典

本章有關的資料表，如表 18-1～表 18-4 所示。

表 18-1 m_address（地址表）

欄位名稱	欄位類型	欄位說明	欄位屬性
id	int(10)	地址 ID	PK/UN/AI/NN
realname	varchar(10)	姓名	NN
phone	varchar(11)	手機號碼	NN
address	varchar(100)	詳細地址	NN
default	tinyint(4)	是否預設	NN
user_id	int(10)	使用者 ID	NN/UN

表 18-2 m_goods（商品表）

欄位名稱	欄位類型	欄位說明	欄位屬性
id	int(10)	商品 ID	PK/UN/AI/NN
title	varchar(40)	商品名稱	NN
thumb	varchar(255)	商品縮圖	NN
description	varchar(100)	商品簡介	NULL
price	decimal(6,2)	商品價格	UN/NN
stock	int(11)	庫存	NN
status	tinyint(1)	狀態	NN/UN
content	text	商品詳情	NN
created_at	int(11)	增加時間	NN
updated_at	int(11)	更新時間	NN
deleted_at	int(11)	刪除時間	NULL

表 18-3 m_order（訂單表）

欄位名稱	欄位類型	欄位說明	欄位屬性
order_id	bigint(20)	訂單 ID	UN/AI/PK/NN
title	varchar(40)	訂單名稱	NN
price	decimal(6,2)	訂單價格	NN
status	tinyint(4)	訂單狀態	NN
realname	varchar(10)	收貨人	NN
phone	varchar(11)	收貨人手機	NN
address	varchar(100)	收貨地址	NN

欄位名稱	欄位類型	欄位說明	欄位屬性
remark	varchar(100)	評論	NN
snapshot	text	商品快照	NN
created_at	int(11)	下單時間	NN
pay_at	int(11)	支付時間	NN
goods_id	int(10)	商品 ID	NN/UN
user_id	int(10)	使用者 ID	NN/UN

表 18-4　m_user（使用者表）

欄位名稱	欄位類型	欄位說明	欄位屬性
id	int(10)	使用者 ID	PK/AI/UN/NN
nickname	varchar(40)	暱稱	NULL
avatar	varchar(255)	圖示	NULL
openid	varchar(40)	使用者 openid	UQ
created_at	int(11)	註冊時間	NN
created_ip	varchar(15)	註冊 IP	NN

18.6 效果展示

商場系統中有關的介面效果，如圖 18-3 ～圖 18-19 所示。

圖 18-3（管理員登入）

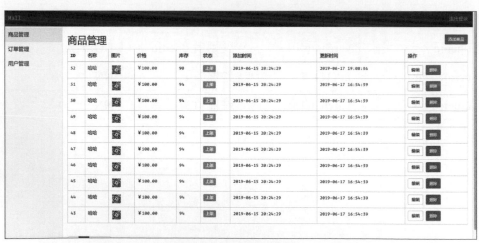

圖 18-4（商品管理）

圖 18-5（增加商品）

圖 18-6（編輯商品）

圖 18-7（訂單管理）

圖 18-8（訂單詳情）

圖 18-9（使用者管理）

圖 18-10（小程式授權登入）

圖 18-11（小程式個人中心）

圖 18-12（小程式地址管理）

圖 18-13（小程式增加地址）

圖 18-14（小程式編輯 && 刪除地址）

圖 18-15（小程式我的訂單）

圖 18-16（小程式訂單詳情）

圖 18-17（小程式首頁）

圖 18-18（小程式商品詳情）

圖 18-19（小程式購買商品）

18.7 程式範例

■ application/admin/controller/Goods.php

```php
/**
 * 發佈商品
 * @param Request $request
 */
public function do_publish(Request $request)
{
    try {
        $data = $request->post();
        $thumb = $request->file('thumb');
        if (!empty($thumb)) {
            $data['thumb'] = AdminService::Factory()->upload($thumb);
        }
        $errmsg = $this->validate($request->post(), [
            'title|名稱 ' => 'require|max:40',
            'thumb|縮圖 ' => 'require',
            'description|簡介 ' => 'max:100',
            'price|價格 ' => 'require|>=:0',
            'stock|庫存 ' => 'require|>=:0',
            'status|狀態 ' => 'require|>=:0',
            'content|詳情內容 ' => 'require'
        ]);
        if ($errmsg !== true) {
            $this->error($errmsg);
            return;
        }
```

```
            GoodsService::Factory()->publish($data);

            $this->success(' 發佈成功 ', '/admin/goods/index');

        } catch (Exception $e) {

            $this->error($e->getMessage());

        }

    }
```

■ application/index/service/GoodsService.php

```
/**

    * 購買

    * @param int    $goodsId

    * @param int    $userId

    * @param array $data

    * @return Order

    */

    public function buy($goodsId, $userId, array $data)

    {

        $model = new Goods();

        return $model->transaction(function () use ($goodsId, $userId,
$data, $model) {

            /** @var Goods $goods */

            $goods = $model->where('id', $goodsId)->lock(true)->find();

            if (empty($goods)) {

                throw new Exception(' 商品不存在 ');

            }

            if ($goods->stock < 1) {

                throw new Exception(' 庫存不足 ');

            }

            $goods->stock--;

            if (!$goods->save()) {
```

```
            throw new Exception(' 購買失敗 ');
        }

        $orderData = [
            'title' => $goods->title,
            'price' => $goods->price,
            'status' => Order::STATUS_CREATED,
            'realname' => $data['realname'],
            'phone' => $data['phone'],
            'address' => $data['address'],
            'snapshot' => $goods->toJson(),
            'goods_id' => $goodsId,
            'user_id' => $userId
        ];
        $order = new Order();
        $order->data($orderData);
        if (!$order->save()) {
            throw new Exception(' 購買失敗 ');
        }
        return $order;
    });
}
```

- application/index/service/OrderService.php

```
/**
 * 支付
 * @param int $orderId
 * @param int $userId
 * @return Order
 */
```

```php
    public function pay($orderId, $userId)
    {
        $model = new Order();
        return $model->transaction(function () use ($model, $userId,
$orderId) {
            /** @var Order $order */
            $order = $model->where('order_id', $orderId)->lock(true)->find();

            if (empty($order) || $order->user_id != $userId) {
                throw new Exception(' 訂單不存在 ', 404);
            }
            if ($order->status != Order::STATUS_CREATED) {
                throw new Exception(' 訂單狀態錯誤 ', 400);
            }
            $order->status = Order::STATUS_PAYED;
            $order->pay_at = time();
            if (!$order->save()) {
                throw new Exception(' 支付失敗 ');
            }
            return $order;
        });
    }
```

■ application/index/service/WechatService.php

```php
/**
 * 微信
 * Class WechatService
 * @package app\index\service
 */
class WechatService extends Service
```

```php
{
    /**
     * @var Client
     */
    private $client;

    public function __construct()
    {
        $this->client = new Client([
            'base_uri' => 'https://api.weixin.qq.com'
        ]);
    }

    /**
     * 處理微信回應
     * @param ResponseInterface $response
     * @return mixed
     * @throws Exception
     */
    protected function handleResponse(ResponseInterface $response)
    {
        $data = json_decode($response->getBody()->getContents(), true);
        if (!empty($data['errcode'])) {
            throw new Exception($data['errmsg'], $data['errcode']);
        }
        return $data;
    }

    /**
     * 取得階段
     * @param string $code
```

```
    * @return mixed
    * @throws Exception
    */
   public function getSession($code)
   {
       $response = $this->client->get('/sns/jscode2session', [
           'query' => [
               'appid' => Config::get('applet.appid'),
               'secret' => Config::get('applet.secret'),
               'js_code' => $code,
               'grant_type' => 'authorization_code'
           ]
       ]);
       $data = $this->handleResponse($response);
       return $data;
   }
}
```

■ application/index/service/UserService.php

```
/**
    * @param array $info
    * @return User|array|null
    * @throws Exception
    * @throws DbException
    */
   public function oauth(array $info)
   {
       $session = WechatService::Factory()->getSession($info['code']);
       $openid = $session['openid'];
       unset($info['code']);
```

```php
$user = User::get(['openid' => $openid]);
if (empty($user)) {
    $user = new User();
    $user->openid = $openid;
}


$user->nickname = $info['nickname'];
$user->avatar = $info['avatar'];


if (false === $user->save()) {
    throw new Exception(' 授權失敗 ');
}
$user = $user->toArray();
$user['token'] = JWT::encode([
    'user_id' => $user['id'],
    'expired_at' => time() + 7 * 24 * 3600
], Config::get('jwt.key'));
return $user;
}
```

小程式相關程式這裡就不貼出來了，程式會託管到本書對應的組織下，熟悉前端的讀者可以隨時查閱。

18.8 專案歸納

本章的小程式商場系統到這裡就告一段落了。本章的內容對不熟悉小程式或前端的讀者來說可能有些難度，但是隨著各大網際網路廠商都著手開發各自的小程式，筆者相信花點時間去學習一下小程式也是值得的。

另外，關於本章用到的小程式 appid/secret，讀者可以去微信後台查詢，目前個人開發者還是可以申請個人版的小程式進行開發的。

本節有點難度的地方在於購買商品時的交易處理以及加鎖處理。這個在以後的開發中會經常用到，特別是有關高平行處理場景的情況下，加鎖是必需的。只是資料庫加鎖的代價也是相當大的，如果有效能要求，可能需要使用其他鎖，例如 Redis 之類的。

18.9　專案完整程式

本專案已經託管到 github.com。讀者有任何問題都可以在 github.com 上提 issue。

- 小程式倉庫位址：https://github.com/thinkphp5-inaction/mall-applet
- PHP 倉庫網址：https://github.com/thinkphp5-inaction/mall-php

後記

介紹完 ThinkPHP 的知識後，透過使用 ThinkPHP 開發幾個實際的專案，目的只有一個--「實作是檢驗真理的唯一標準」，只有實際的專案才能讓讀者明白 ThinkPHP 的專案開發流程。

如果大家在學習的過程中遇到問題，可以使用以下方式聯繫或關注筆者（驗證資訊請填寫 "ThinkPHP"）：

- 微信：xialeistudio
- QQ: 1065890063
- QQ 群 :346660435
- 電子郵件：1065890063@qq.com
- github: https://github.com/xialeistudio
- segmentfault:https://segmentfault.com/u/xialeistudio
- 部落格：https://www.ddhigh.com

有時間的時候我將為各位一一解答，協助讀者可以更進一步地應用 ThinkPHP 架構。

最後參考 ThinkPHP 架構的一句名言「大道至簡，開發由我」！祝願各位讀者在以後的工作中更加順利！

Note

Note